Erwin Lertes

Funkortung und Funknavigation

Erwin Lertes

Funkortung und Funknavigation

Eine Einführung in die Grundlagen, Verfahren und Anwendungen

Mit 86 Abbildungen und 12 Aufgaben mit Lösungen

Herausgegeben von Wolfgang Schneider

Die Deutsche Bibliothek – CIP-Einheitsaufnahme

Lertes, Erwin:
Funkortung und Funknavigation: eine Einführung in die Grundlagen, Verfahren und Anwendungen; mit 12 Aufgaben mit Lösungen / Erwin Lertes. Hrsg. von Wolfgang Schneider.

ISBN 978-3-528-04936-2 ISBN 978-3-663-12124-4 (eBook)
DOI 10.1007/978-3-663-12124-4

Ursprünglich erschienen bei Friedr. Vieweg & Sohn Verlagsgesellschaft mbH, Braunschweig/Wiesbaden, 1995

Umschlaggestaltung: Klaus Birk, Wiesbaden

Gedruckt auf säurefreiem Papier

ISBN 978-3-528-04936-2

Vorwort

Das vorliegende Buch geht auf meine Lehrveranstaltungen im Rahmen des Hauptstudiums für Studierende der Nachrichtentechnik an der Fachhochschule Wiesbaden zurück.

Es vermittelt die wesentlichen Grundlagen der Informationsgewinnung für die Funkortung und Funknavigation. Die Anwendungen wurden exemplarisch ohne Anspruch auf Vollständigkeit gewählt.

Das Buch wendet sich an Studierende der Nachrichtentechnik an Fachhochschulen und Universitäten, an Systemplaner, an Entwicklungs-, Erprobungs- und Wartungsingenieure in der Industrie und an Ingenieure fernmeldetechnischer Dienste.

Das Buch berücksichtigt des weiteren Aspekte der Technik-/Navigationsausbildung von Piloten.

Den Firmen Alcatel – SEL, C. Plath GmbH, Rhode & Schwarz, Siemens und Telefunken danke ich für die Bereitstellung von Firmenschriften.

Der Flugsicherungsakademie der DFS danke ich für die Überlassung von Lehrmaterial für ihre interne Ingenieur- und Technikerfortbildung.

Ganz besonderer Dank gebührt meiner Frau, Dipl.-Chem. Ellen Lertes, und meiner Tochter, Dipl.-Bio. Bettina Lertes, für die Durchführung der anfallenden Textverarbeitung.

Frau Dipl.-Ing. Cornelia Nitschinger danke ich für die Erstellung des Bildmaterials mit CAD.

Rüsselsheim, im Januar 1995 *Erwin Lertes*

Inhaltsverzeichnis

1 Grundlagen

1.1 Einleitung

Funkortungstechnik ist die Gesamtheit aller Einrichtungen und Mittel zur Bestimmung eines Objektes mit Hilfe elektromagnetischer Wellen [1].

Die Funkortung dient vor allem der Navigation, insbesondere in der Luft- und Seefahrt. Sie wird deshalb auch häufig als Funknavigationstechnik bezeichnet.

Die Anwendungsgebiete beinhalten im wesentlichen die Bereiche:

- Sicherung des Verkehrs in der Luftfahrt (Flugsicherung)
- Sicherung des Verkehrs in der Seefahrt (Schiffahrtssicherung)
- Funküberwachung und Funkaufklärung
- Steuerung des Schienen- und Straßenverkehrs.

1.2 Terminologie

Ortung: Bestimmung des Standortes eines Objekts mit Hilfe natürlicher oder technischer Mittel.

Eigenortung: Ortung am Ort des Objekts; der Ort ist unbekannt und soll bestimmt werden.

Fremdortung: Ortung eines Objekts von bekannten festen Orten aus.

Navigation: Führung eines Objekts in der Luft-, Schiff- und Raumfahrt, im Schienen- und Straßenverkehr.

Funkortung: Ortung mit funktechnischen Mitteln.

Funknavigation: Navigation mit funktechnischen Mitteln.

1.3 Gestalt und geographische Koordinaten der Erde [2]

Die Erde ist in erster Näherung eine Kugel mit dem mittleren Radius:

$$R_E = \frac{R_{EA} + R_{EP}}{2} = 6367{,}65\,\text{km} \tag{1.1}$$

mit R_{EA} = Äquatorradius = 6378,388 km

R_{EP} = Polradius = 6356,912 km.

Die Erde dreht sich in

$23^h\,56^m\,04^s = 86164\,\text{s} = 1$ Sterntag

von West nach Ost um ihre eigene Achse (Nord-/Südpol).

Der Mittelpunkt *M* ist das *Geozentrum.*

Zur Orientierung auf der Erdoberfläche werden zwei Systeme von Kreisen (Bild 1.1) verwendet:

- Meridiane (λ)
- Breitenkreise (φ).

Der Meridian durch die Londoner Sternwarte (Greenwich) ist der *Nullmeridian.*

Die geographische Länge λ ist der Winkel zwischen dem Orts- und dem Nullmeridian ($\lambda = 0$):

$$0° < \lambda \leq +180° \text{ (Ost)}$$

$$-180° \leq \lambda < 0° \text{ (West).}$$

Die geographische Breite ist der Winkel zwischen dem Orts- und dem Äquatorbreitenkreis ($\varphi = 0$):

$$0° < \varphi \leq +90° \text{ (nördliche Halbkugel)}$$

$$-90° \leq \varphi < 0° \text{ (südliche Halbkugel).}$$

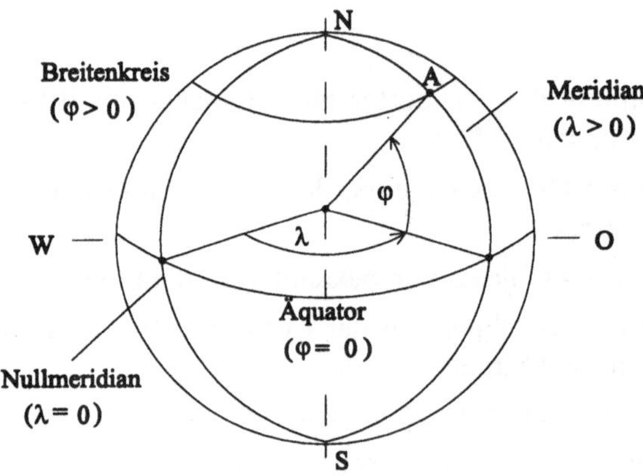

Bild 1.1: Erdkoordinatensystem
λ = geographische Länge, φ = geograpische Breite

Terrestrische Funkverbindungen über die Atmosphäre werden in das Koordinatensystem (λ, φ) miteinbezogen.

Jede Ebene durch das Geozentrum schneidet die Erdoberfläche in einem *Großkreis.*

Äquator und Meridian sind somit Großkreise. Jede Ebene, die nicht durch das Geozentrum geht, ergibt einen *Kleinkreis.*

Bis auf den Äquator sind alle Breitenkreise Kleinkreise.

Die Funkwellen breiten sich in der Regel über Großkreise aus. Ist dies nicht der Fall, so spricht man von *Großkreisabweichungen.*

Tabelle 1.1: Geographische Länge λ und geographische Breite φ einiger VLF-Kommunikationssender.

Ort	Frequenz (in kHz)	λ	φ
Norwegen	16,4	+14°04'	+67°04'
England	16,0	–01°12'	+52°22'
Maine	17,8	–67°17'	+44°31'
Australien	22,3	+114°09'	–21°49'

Bezugsrichtungen und deren Bezeichnungen

In Ortung und Navigation werden verschiedene Bezugsrichtungen verwendet (Bild 1.2).

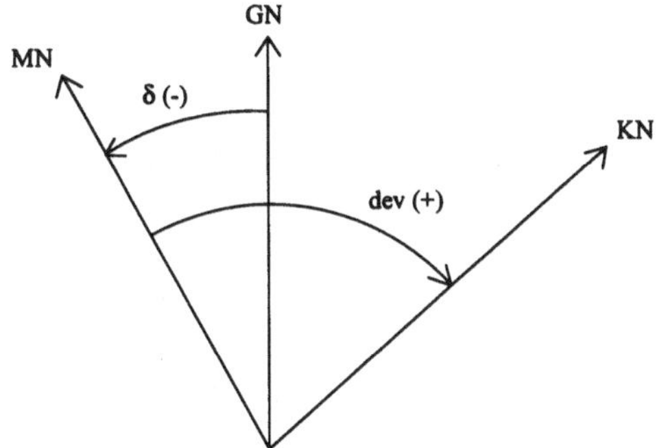

Bild 1.2: Nordrichtungen
GN = geographisch Nord, MN = magnetisch Nord,
KN = Kompassnord, δ = Deklination, dev = Deviation

Geographisch Nord (GN) ist die Richtung des Meridians zum Nordpol.

Eine ungestörte Kompaßnadel zeigt die Richtung des magnetischen Meridians zum magnetischen Nordpol (MN) an. Der Winkel, den die Bezugsrichtung MN mit der Bezugsrichtung GN einschließt, bezeichnet man als Ortsmißweisung oder Deklination (δ). Die Linien gleicher Ortsmißweisungen bezeichnet man als Isogonen. Die Isogonen sind auf fast allen Navigationskarten eingezeichnet.

Kompassnord (KN) ist die Richtung, die die Kompassnadel tatsächlich zeigt (z.B. beim unbeschleunigten Geradeausflug eines Flugzeuges). Den Winkel, den die Bezugsrichutung KN mit der Bezugsrichtung MN einschließt, bezeichnet man als Deviation (dev). Bei bekannten magnetischen Störfeldern (z.B. Flugzeugmagnetismus) kann dieser Fehler gegenüber MN korrigiert werden.

Es gilt:

$$KN = GN + \delta + \text{dev}\,. \tag{1.2}$$

Deklination und Deviation können positiv oder negativ sein und sich damit gegenseitig kompensieren.

2 Ausbreitung von Funkwellen

2.1 Einleitung

Der freie Raum ist das Bindeglied zwischen der Quelle *Q* und dem Bestimmungsorgan *B* einer Funkverbindung (Bild 2.1).

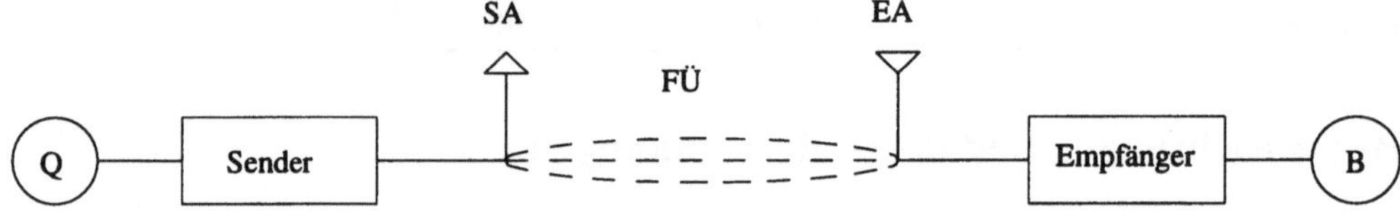

Bild 2.1: Blockdiagramm einer Funkverbindung;
Q = *Q*uelle, *SA* = *S*ende*a*ntenne, *FÜ* = *F*unk*ü*bertragungsstrecke, *EA* = *E*mpf*a*ngsantenne, *B* = *B*estimmungsorgan

Die *e*lektro*m*agnetische Funkwelle *EM* bereitet sich quasi mit der Lichtgeschwindigkeit

$$c = \frac{1}{\sqrt{\varepsilon_0 \cdot \mu_0}} = 3 \cdot 10^8 \,\mathrm{ms}^{-1} \tag{2.1}$$

aus. Hierbei sind:

$\mu_0 = 4\pi \cdot 10^{-7}\,\mathrm{VsA^{-1}m^{-1}}$ = Induktionskonstante

$\varepsilon_0 = 8{,}854 \cdot 10^{-12}\,\mathrm{AsV^{-1}m^{-1}}$ = dielektrischeVerschiebungskonstante

Die Kopplung zwischen dem elektrischen und dem magnetischen Feld wird im Fernfeld

Abstand vom Sender $\geq$ 10 · Wellenlänge

durch den Feldwellenwiderstand des freien Raumes

$$Z_{FO} = \sqrt{\frac{\mu_0}{\varepsilon_0}} = 120\pi\ \Omega \tag{2.2}$$

beschrieben.

Der Poynting-Vektor (Strahlungsleistungsdichte) beträgt im Fernfeld ($\vec{E} \perp \vec{H}$):

$$\vec{S}_P = \vec{E} \times \vec{H} \tag{2.3}$$

mit $\vec{E}$ = Vektor der elektrischen Feldstärke

$\vec{H}$ = Vektor der magnetischen Feldstärke.

Zwischen der Lichtgeschwindigkeit *c*, der Vakuumwellenlänge (Luftwellenlänge) λ_0 und der Frequenz *f* besteht die Beziehung:

$$c = \lambda \cdot f. \tag{2.4}$$

Für Ortung und Navigation ist man bestrebt, quasi das gesamte elektromagnetische Spektrum zu nutzen (Tabelle 2.1).

Tabelle 2.1: Elektromagnetisches Spektrum für Ortung/Navigation; Bezeichnung, Frequenz f, Vakuumwellenlänge λ.

Bezeichnung	f	λ
SELF (**S**uper **E**xtremly **L**ow **F**requencies)	30 Hz ... 300 Hz	10000 km ... 1000 km
ELF (**E**xtremly **L**ow **F**requencies)	300 Hz ... 3 kHz	1000 km ... 100 km
VLF (**V**ery **L**ow **F**requencies)	3 kHz ... 30 kHz	100 km ... 10 km
LF (**L**ow **F**requencies)	30 kHz ... 300 kHz	10 km ... 1 km
MF (**M**edium **F**requencies)	300 kHz ... 3 MHz	1 km ... 100 m
HF (**H**igh **F**requencies)	3 MHz ... 30 MHz	100 m ... 10 m
VHF (**V**ery **H**igh **F**requencies)	30 MHz ... 300 MHz	10 m ... 1 m
UHF (**U**ltra **H**igh **F**requencies)	300 MHz ... 3 GHz	1 m ... 10 cm
SHF (**S**uper **H**igh **F**requencies)	3 GHz ... 30 GHz	10 cm ... 1 cm
EHF (**E**xtremly **H**igh **F**requencies)	30 GHz ... 300 GHz	1 cm ... 1 mm
SEHF (**S**uper **E**xtremly **H**igh **F**requencies)	300 GHz ... 3 THz	1 mm ... 100 µm
– –	3 THz ... 30 THz	100 µm ... 10 µm
– –	30 THz ... 300 THz	10 µm ... 1 µm

Die Ausbreitung terrestrischer EM-Wellen [3,4,5] läßt sich nach folgenden Gesichtspunkten aufgliedern:

- Bodenwellenausbreitung (*B*)
- Raumwellenausbreitung (*R*)
- Überlagerung von Boden- und Raumwellen (*B* + *R*)
- Troposphärische Wellenausbreitung (*T*).

Die Bodenwellenausbreitung mit Frequenzen bis zu 7–10 MHz spielt sich an der Grenzschicht Boden/Troposphäre ab.

Die Raumwellenausbreitung mit Frequenzen zwischen 3 kHz bis 30 MHz erfolgt über die Ionosphäre.

Für die troposphärische Wellenausbreitung mit Frequenzen ab 20 MHz ist die erdnahe Atmosphäre maßgebend.

2.2 Bodenwellenausbreitung (B)

2.2.1 Feldbeschreibung

Die klassische Bodenwelle tritt im Fernfeld ($R \geq 10\,\lambda$) eines Senders näherungsweise vertikal polarisiert auf. Die mittlere Leistungsdichte $\overline{S}_{PB}$ beträgt im Aufpunkt *A* (Bild 2.2):

$$\overline{S}_{PB} = \frac{P_S}{4\pi R^2} \cdot G_S \cdot F_B{}^2 \tag{2.5}$$

mit

P_S = Leistung eines Senders

R = Entfernung des Empfangsortes vom Sender

G_S = Gewinn der Senderantenne

F_B = Schwächungsfaktor der Bodenwelle (s. Gl. 2.12).

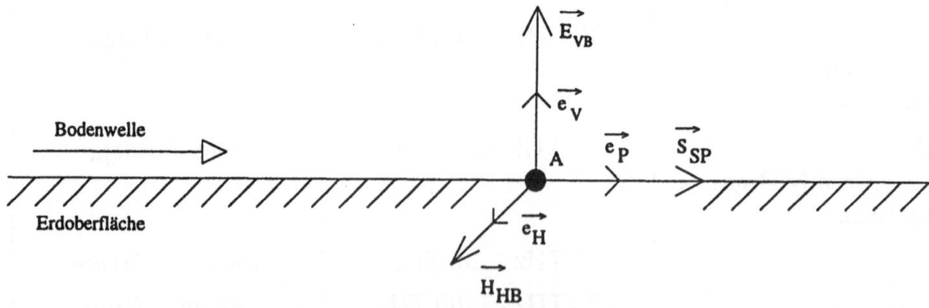

Bild 2.2: Vertikal polarisierte Bodenwelle im Aufpunkt *A*; $\vec{e}_V$; $\vec{e}_H$ und $\vec{e}_V = \vec{e}_P \times \vec{e}_H$ sind Einheitsvektoren, V = Vertikal, H = Horizontal und P = Richtung des Poynting-Vektors

Für den Aufpunkt *A* lauten die Feldbeziehungen [6]:

$$\vec{E}_{VB} = E_{VB} \cdot \vec{e}_V = E_{VOB} \cdot \cos(\omega t) \cdot \vec{e}_V$$

$=$ vertikale elektrische Feldstärke der Bodenwelle (2.6)

$$\vec{H}_{HB} = H_{HB} \cdot \vec{e}_H = H_{HOB} \cdot \cos(\omega t) \cdot \vec{e}_H$$

$=$ horizontale magnetische Feldstärke der Bodenwelle (2.7)

$$\vec{S}_{PB} = E_{VB} \cdot H_{HB} \cdot \vec{e}_P = E_{VOB} \cdot H_{HOB} \cdot \cos^2(\omega t) \cdot \vec{e}_P$$

$=$ Poynting-Vektor der Bodenwelle. (2.8)

Gemäß der Gleichung (2.8) beträgt die mittlere Leistungsdichte:

$$\overline{S}_{PB} = E_{VB} \cdot H_{HB} \cdot \overline{\cos^2(\omega t)} \cdot \vec{e}_P = \frac{E_{VOB} \cdot H_{HOB}}{2} = \frac{E^2{}_{VOB}}{2Z_{FO}} \tag{2.9}$$

mit

$$Z_{FO} = \frac{E_{VOB}}{H_{HOB}}.$$

Die Verknüpfung der Beziehung (2.5) mit der Beziehung (2.9) ergibt folgenden Ausddruck zur Berechnung der elektrischen Feldstärkeamplitude:

$$E_{VOB} = \frac{1}{R} \cdot \sqrt{\frac{Z_{FO} \cdot P_S \cdot G_S}{2\pi}} \cdot F_B \tag{2.10}$$

Bei Berücksichtigung der Erdkrümmung ist der Ausdruck (2.10) multiplikativ mit

$$\sqrt{\frac{\theta}{\sin(\theta)}}, \ (\theta = \text{Zentriwinkel, bezogen auf den Erdmittelpunkt}) \tag{2.11}$$

zu erweitern.

Schwächungsfaktor der Bodenwelle

In guter Näherung gilt die halbempirische Beziehung:

$$F_B = e^{-(K/\sqrt{\lambda}) \cdot R} \tag{2.12}$$

mit K = Dämpfungswert.

Die Größe K ist abhängig von der Bodenbeschaffenheit (Tabelle 2.2).

Tabelle 2.2: Dämpfungswert K in Abhängigkeit von der Leitfähigkeit δ und der quasistatischen Dielektrizitätszahl $\varepsilon_{rst} = \varepsilon_r'(0)$ bei 20°C [7].

Bodenbeschaffenheit	σ (in Sm^{-1})	ε_{rst}	K(in $m^{-1/2}$)
Seewasser	1 ... 5	78 ... 70	$4{,}74 \cdot 10^{-5}$ (Austin–Cohen)
feuchter Boden	10^{-3} ... 10^{-2}	5 ... 15	$2{,}84 \cdot 10^{-4}$ (Beson-Gillet)
trockener Boden	10^{-5} ... 10^{-3}	2 ... 5	$8{,}85 \cdot 10^{-4}$ (Beson-Gillet)

Aufgabe 2.1:

Gegeben ist ein VLF - Sender (P_S = 100 kW, f_S = 10 kHz, G_S = 3)

Geben Sie die elektrische Feldstärkeamplitude E_{VOB} im Abstand R = 1000 km an, wenn davon über Seewasser d_1 = 900 km und über feuchtem Boden d_2 = 100 km zurückzulegen sind.

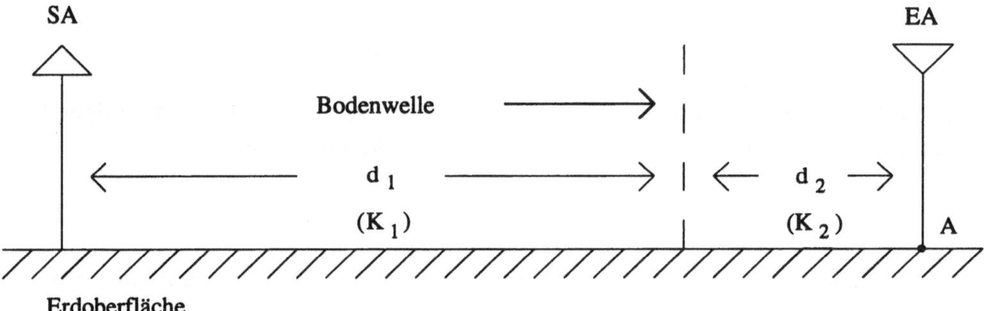

Bild 2.3: Bodenwellenausbreitung über zwei Medien

Lösung: Gemäß den Gleichngen (2.10 und 2.12) beträgt bei Vernachlässigung der Erdkrümmung die elektrische Feldstärke (Amplitude) der Bodenwelle

$$E_{VOB} = \frac{1}{d_1 + d_2} \cdot \sqrt{60\,\Omega \cdot P_S \cdot G_S} \cdot e^{-(K_1 d_1 + K_2 d_2)/\sqrt{\lambda}}$$

K_1 und K_2 kann der Tabelle 2.2 entnommen werden; somit ergibt sich

$$E_{VOB} = 2{,}8\,\text{mV} \cdot m^{-1}. \tag{2.13}$$

2.3 Raumwellenausbreitung

Die klassische Raumwelle wird in der Regel vertikal oder horizontal polarisiert vom Erdboden abgestrahlt. Nach der Reflexion an der Ionosphäre (Bild 2.4) kommt sie, bedingt durch das Magnetfeld der Erde, elliptisch polarisiert zurück.

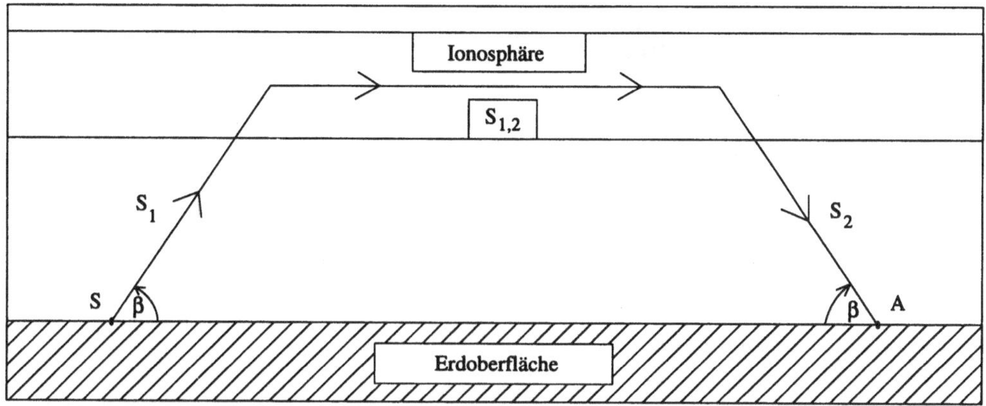

Bild 2.4: Raumwellenausbreitung über die Ionosphäre (schematisch). S = *S*ender, A = *A*ufpunkt des Empfangs, S_1, S_2 = Wege der Funkwelle außerhalb der Ionosphäre, $S_{1,2}$ = Weg der Funkwelle in der Ionosphäre, β = Elevation der Raumwelle

2.3.1 Feldbeschreibung

Die mittlere Leistungsdichte der Raumwelle im Aufpunkt A (Bild 2.4) beträgt:

$$\bar{S}_{PR} = \frac{P_S \cdot G_S \cdot C^2 \cdot F_R^2}{4\pi(S_1 + S_{1,2} + S_2)^2} \tag{2.14}$$

mit

C = normierte Richtcharakteristik der Senderantenne

$F_R = e^{-\alpha \cdot S_{1,2}}$ = Schwächungsfaktor der Raumwelle

α = frequenzabhängige Dämpfungskonstante innerhalb der Ionosphäre (Anhang A.3.5).

P_S = Leistung eines Senders

G_S = Gewinn der Senderantenne

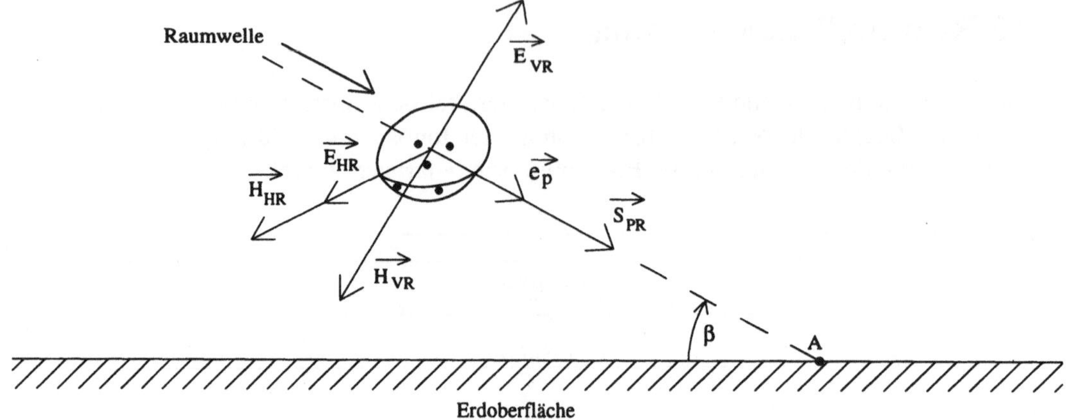

Bild 2.5: Elliptisch polarisierte Raumwelle *R* im Aufpunkt *A* unter der Elevation *β*; V = Vertikal, H = Horizontal, P = Richtung des Poynting-Vektors

Für die Feldbeschreibung gilt:

$$\vec{E} = E_{VR} \cdot \vec{e}_V + E_{HR} \cdot \vec{e}_H \tag{2.15}$$

$$\vec{H} = H_{VR} \cdot \vec{e}_V + H_{HR} \cdot \vec{e}_H \tag{2.16}$$

$$\vec{S}_{PR} = \vec{E}_R \times \vec{H}_R = S_{PR}\, \vec{e}_P \tag{2.17}$$

mit

$E_{VR} = E_{VOR} \cdot \cos(\omega t)$ = vertikaler elektrischer Feldstärkeanteil der Raumwelle (2.18)

$E_{HR} = E_{HOR} \cdot \cos(\omega t + \varphi)$ = horizontaler elektrischer Feldstärkeanteil der Raumwelle (2.19)

φ = Phasenverschiebung zwischen dem vertikalen und dem horizontalen Anteil des elektrischen Feldes

$H_{VR} = -H_{VOR} \,.\, \cos(\omega t + \varphi)$ = vertikaler magnetischer Feldstärkeanteil der Raumwelle (2.20)

$H_{HR} = H_{HOR} \cdot \cos(\omega t)$ = horizontaler magnetischer Feldstärkeanteil der Raumwelle. (2.21)

$$S_{PR} = E_{VOR} \cdot H_{HOR} \cdot \cos^2(\omega t) + E_{HOR} \cdot H_{VOR} \cos^2(\omega t + \varphi). \tag{2.22}$$

Gemäß der Mittelwertbildung

$$\overline{\cos^2(\omega t)} = \overline{\cos^2(t+\varphi)} = \frac{1}{2} \tag{2.23}$$

und der Verknüpfung

$$Z_{FO} = \frac{E_{VOR}}{H_{HOR}} = \frac{E_{HOR}}{H_{VOR}} \tag{2.24}$$

beträgt die mittlere Leistungsdichte:

$$\overline{S}_{PR} = \frac{E_{VOR}^2 + E_{HOR}^2}{2Z_{FO}} = \frac{E_{OR}^2}{2Z_{FO}} \tag{2.25}$$

E_{OR} ist der Amplitudenwert der Raumwelle.

Die Verknüpfung der Gleichung (2.14) mit der Beziehung (2.25) ergibt:

$$E_{OR} = \frac{1}{S_1 + S_{1,2} + S_2} \cdot \sqrt{\frac{Z_{FO} \cdot P_S \cdot G_S}{2\pi}} \cdot C \cdot F_R . \tag{2.26}$$

Kurzfristig (innerhalb einer Minute) können sich alle Parameter der Raumwelle ändern [8]. Es gibt aber Sender [9], bei denen über eine längere Zeitdauer E_{VOR} konstant bleibt.

Für $\varphi = 0$ und $\varphi = \pm\pi$ ist die Raumwelle linear polarisiert.

Aufgabe 2.2:

Gegeben: Ein E-Feld einer elliptisch polarisierten Raumwelle am Empfangsort (Bild 2.5) beträgt:

E_{VR} = 10 µV/m cos(ωt) und

E_{HR} = 5 µV/m cos(ωt–π/2) = 5 µV · m^{-1} sin (ωt). *(2.27)*

Geben Sie an:

a) die Gleichungen des H-Feldes

b) die mittlere Leistungsdichte S_{PR}

c) Eine Skizze des E/H-Feldes.

Lösung:

a) Gemäß der Feldverknüpfung (2.24) lauten die Gleichnungen des H-Feldes:
H_{VR} = *–13,26* nA · m^{-1} sin(ωt)
H_{HR} = 26,52 nA · m^{-1} cos(ωt)

b) $\overline{S}_{PR}$ = 0,166 pW · m^{-2}

c)

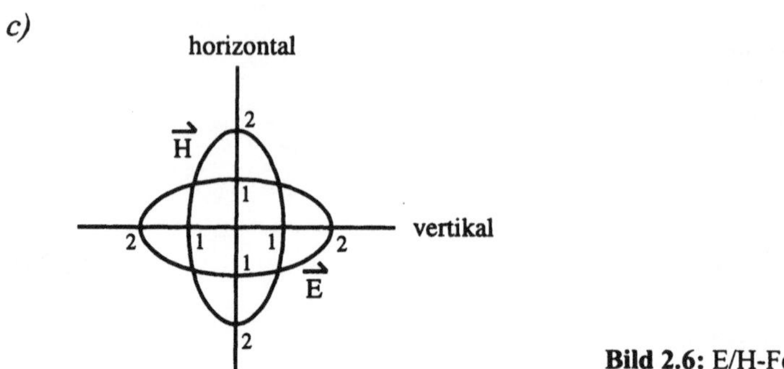

Bild 2.6: E/H-Feld

2.3.2 Struktur und Eigenschaften der Ionosphäre

Die Ionosphäre hat einen Höhenbereich von 50 ... 500 km (Bild 2.7) über dem Erdboden. Sie besteht im wesentlichen aus den Schichten D, E und F (F_1, F_2) mit Ionisationsmaxima (Bild 2.8) . Die Höhe der Schichten, ihre Dicke und ihre Elektronenkonzentration sind abhängig von der Sonneneinstrahlung und damit

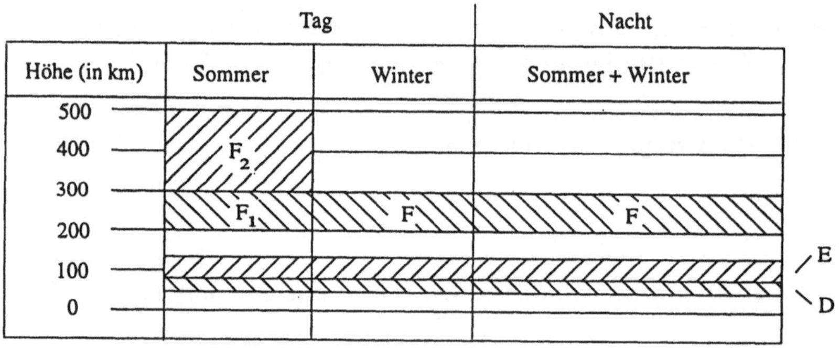

	Tag		Nacht	
Höhe (in km)	Sommer	Winter	Sommer + Winter	
500				
400	F_2			
300				
200	F_1	F	F	
100				E
0				D

Bild 2.7: Ionosphärenschichten (schematisch)

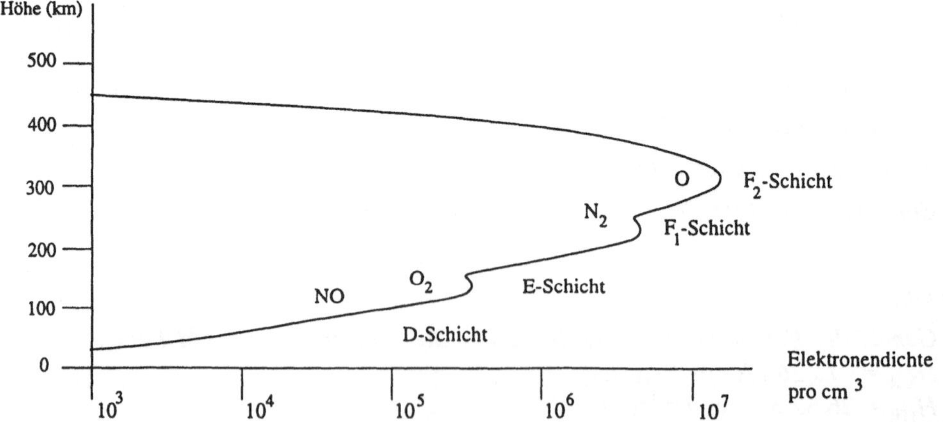

Bild 2.8: Höhenverteilung der Elektronendichte *N* in der Ionosphäre an einem Sommertag mit erhöhter Sonnenfleckenaktivität (schematisch)

- von den geographischen Koordinaten
- von der Tageszeit
- von der Jahreszeit
- von den Sonnenfleckenaktivitäten.

D-Schicht

Die wirksame Höhe beträgt 50 ... 100 km. VLF-Wellen werden an ihr sowohl am Tage als auch nachts mit relativ geringen Verlusten reflektiert. Für LF-Wellen und den unteren MF-Bereich bis ca. 1 MHz weist die D-Schicht tagsüber eine starke Dämpfung auf. Auch der HF-Bereich kann durch erhöhte Ionisierung bzw. Dämpfung über Minuten und Stunden am Tage stark gestört werden (Mögel/Dellinger-Effekt). Nachts verschwindet die D-Schicht für LF- und MF-Wellen.

E-Schicht

Die wirksame Höhe beträgt 90 ... 130 km. An der E-Schicht werden am Tage der obere MF- und der untere HF-Bereich reflektiert. Nachts werden der LF- und der untere MF-Bereich reflektiert **(Dämmerungs- /Nachteffekt)**.

E_S-Schicht

Die sporadische E-Schicht (E_S) bildet sich innerhalb des normalen Bereichs der E-Schicht aus. Dies führt zu Überreichweiten im VHF-Gebiet [5].

F-Schicht

Die wirksame Höhe beträgt 200 ... 500 km. Am Tage wird an der F-Schicht der obere HF-Bereich reflektiert. Nachts werden an ihr der gesamte HF- und der obere MF-Bereich reflektiert. Vorwiegend an heißen Sommertagen wird die F-Schicht in F_1 und F_2 aufgespalten. Ohne Aufspaltung wird die F-Schicht auch mit F_2 bezeichnet.

2.3.3 Kritische Frequenz und Grenzfrequenz

Als kritische Frequenz f_c einer Schicht bezeichnet man die höchste Frequenz, die bei senkrechtem Einfall noch reflektiert wird (Tabelle 2.3).

Tabelle 2.3: Kritische Frequenzen f_c der Ionosphärenschichten [5].

D-Schicht	$f_c = 0{,}01 \ldots 0{,}6$ MHz
E-Schicht	$f_c = 3 \ldots 4$ Mhz
Es-Schicht	$f_c = 20 \ldots 30$ MHz
F-Schicht	$f_c = 2 \ldots 8$ MHz
F_1-Schicht	$f_c = 4 \ldots 6$ Mhz
F_2-Schicht	$f_c = 5 \ldots 15$ MHz

Die kritische Frequenz ist mit der Plasmafrequenz

$$f_{\mathrm{P}} = \frac{1}{2\pi}\sqrt{\frac{Nq^2}{\varepsilon_0 m_e}} \qquad (2.28)$$

identisch [10] (Anhang A.3.3).

Hierbei sind:

N = Elektonendichte

q = Ladung des Elektrons

m_e = Masse des Elektrons.

Bei der Abstrahlung unter dem Elevationswinkel β (Bild 2.4) beträgt die höchstzulässige Rückspieglungsfrequenz (Grenzfrequenz):

$$f_{\mathrm{g}} = \frac{f_{\mathrm{c}}}{\sin(\beta)}. \qquad (2.29)$$

Zur Ablösung der EM-Welle vom Erdboden muß hierbei in der Regel die Bedingung

$$\beta > 20^\circ \qquad (2.30)$$

erfüllt sein. Daraus ergibt sich eine maximale Grenzfrequenz (MUF = **M**aximal **U**sable **F**requency) von:

$$f_{\mathrm{gmax}} \approx 3 f_{\mathrm{c}}. \qquad (2.31)$$

Die Raumwelle kann innerhalb der Ionosphäre (Bild 2.9a) und mit dem Erdboden (Bild 2.9b) Mehrfachreflexionen auslösen.

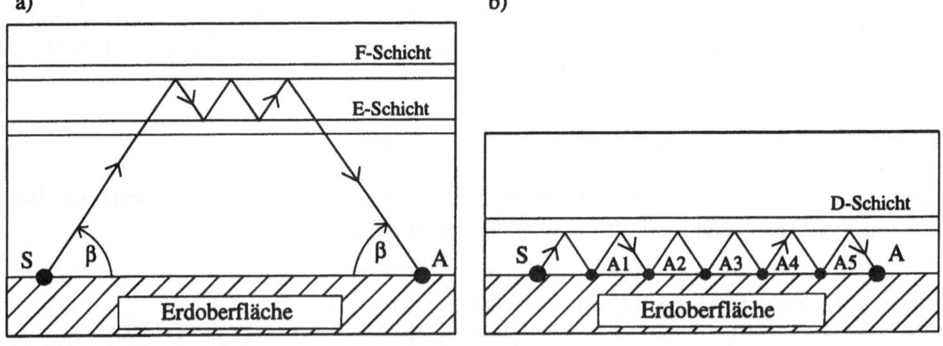

Bild 2.9: a) Mehrfachreflexionen in der Ionosphäre
b) Mehrfachreflexionen an der Erdoberfläche

Die Entfernung zwischen dem Sender und dem Ort, an welchem die Raumwelle erstmals auf die Erde auftritt (Bild 2.10), nennt man die Sprungdistanz.

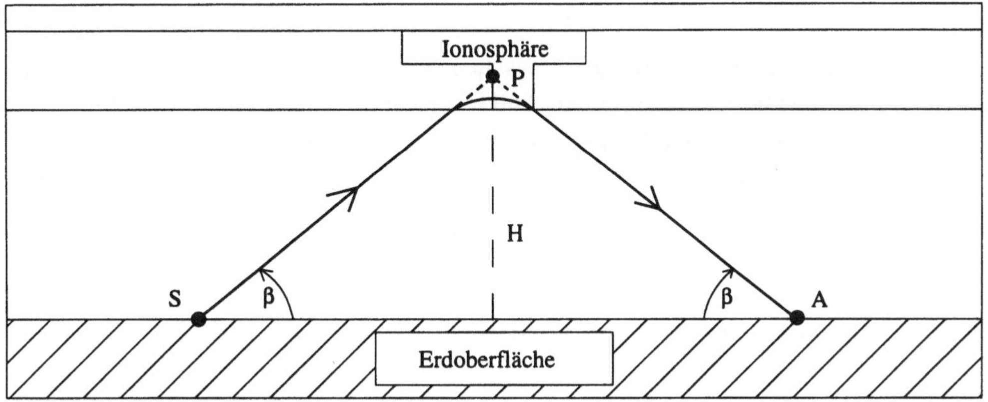

Bild 2.10: Sprungdistanz D_{min} = SA; H = scheinbare Höhe des Reflexionspunktes

Nach Bild 2.10 und der Gleichung (2.29) besteht folgender Zusammenhang ($f_g = f_s$):

$$D_{\text{min}} = 2H \cdot \cot(\beta) = 2H \cdot \sqrt{\left(\frac{f_s}{f_c}\right)^2 - 1}\,. \tag{2.32}$$

2.4 Überlagerung von Boden- und Raumwellen (*B*+*R*)

Liegt die Sprungdistanz der Raumwelle innerhalb der Reichweite der Bodenwelle, so spricht man vom

kritischen Entfernungsbereich.

In der Funkpeiltechnik wird deshalb versucht, die kohärenten Wellenzüge von Boden- und Raumwellen auf der Empfangsseite zu trennen. Dies wird wie folgt begründet [11,12]:

Die Bodenwelle kommt in der Regel über den Großkreis. Sie ist stabil und repräsentiert im Blickfeld eines Funkpeilers den „wahren Azimut". Dies gilt nicht, wenn der Küsteneffekt [13] oder der Dämmerungsgrenzeffekt [14] auftritt.

Bei Steilstrahlung aus der Ionosphäre (β > 45) kann die Raumwelle erhebliche Großkreisabweichungen aufweisen [15].

Für den kohärenten Überlagerungsfall lauten am Empfangsort die Feldbeziehungen [6]:

$$E_{\text{VB}} = E_{\text{VOB}} \cos(\omega t) \tag{2.33}$$

$$H_{\text{HB}} = H_{\text{HOB}} \cos(\omega t) \tag{2.34}$$

$$E_{\text{VR}} = E_{\text{VOR}} \cos(\omega t + \varphi_1) \tag{2.35}$$

$$E_{\text{HR}} = E_{\text{HOR}} \cos(\omega t + \varphi_2) \tag{2.36}$$

$$H_{\text{VR}} = -H_{\text{VOR}} \cos(\omega t + \varphi_2) \tag{2.37}$$

$$H_{\text{HR}} = H_{\text{HOR}} \cos(\omega t + \varphi_1) \tag{2.38}$$

mit

φ_1 = Phasenverschiebung zwischen dem elektrischen Feld der Bodenwelle und dem vertikalen Anteil des elektrischen Feldes der Raumwelle

φ_2 = Phasenverschiebung zwischen dem elektrischen Feld der Bodenwelle und dem horizontalen Anteil des elektrischen Feldes der Raumwelle.

2.5 Troposphärische Wellenausbreitung

2.5.1 Aufbau der Troposphäre

Die Troposphäre, bestehend aus ≈78 Vol% Stickstoff (N_2), ≈21 Vol% Sauerstoff (O_2) und ≈1 Vol% Restgasen einschließlich Wasserdampf (H_2O), wird begrenzt von der Erdoberfläche einerseits und der Stratosphäre andererseits.

Für die Troposphärenhöhe (H) gelten folgende Hinweise:

$H \approx 6$ km (Erdpole)

$H \approx 11$ km (mittlere Breitenkreise)

$H \approx 18$ km (Äquator).

Die mittleren Breitengrade werden in erster Näherung durch die

Internationale Standard-Atmosphäre (ISA)

mit

- dem Luftdruck am Boden (SL) = 1013 hPa
- der Lufttemperatur am Boden (SL) = 15°C
- der Luftfeuchte = 0%
- dem Temperaturgradienten (bis 11 km)
  $$\mathrm{d}T/\mathrm{d}H = -6{,}5\,°\mathrm{C\,km}^{-1} \tag{2.39}$$
- dem elektromagnetischen Brechungsgradienten (VHF/UHF/SHF)
  $$\mathrm{d}n/\mathrm{d}H = -4{,}8 \cdot 10^{-8}\,\mathrm{m}^{-1} \tag{2.40}$$

beschrieben.

2.5.2 Optische Sichtweite

Unter Freiraumbedingungen breiten sich elektromagnetische Wellen geradlinig aus. Die optische Sichtweite wird durch die Erdkrümmung $1/R_E$ (R_E = Erdradius) begrenzt (Bild 2.11). Sie beträgt für die Senderhöhe $H_S \ll R_E$ und für die Empfängerhöhe $H_E \ll R_E$:

$$R_{opt} = R_1 + R_2 = \sqrt{2R_E}\left(\sqrt{H_S} + \sqrt{H_E}\right). \tag{2.41}$$

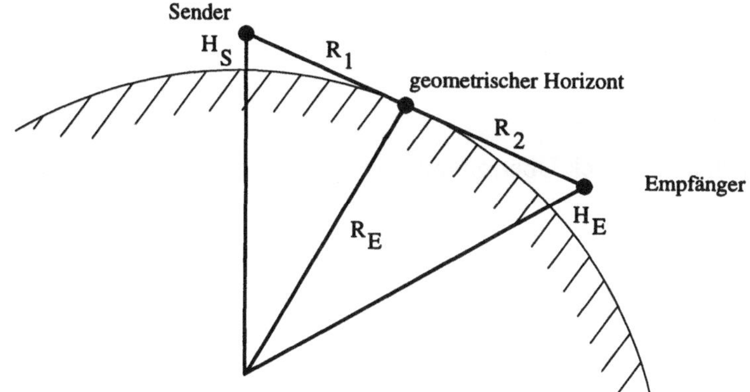

Bild 2.11: Einfluß der Erdkrümmung auf die optische Sichtweite

2.5.3 Brechungseffekte

Die Troposphäre stellt kein homogenes Ausbreitungsmedium dar. Es kommt daher zu Brechungen der elektromagnetischen Strahlung. Dies wirkt sich insbesondere auf Funkwellen ab 20 MHz aus.

Aus dem „Snelliusgesetz" für die Troposphäre folgt in guter Näherung die Beziehung [16]:

$$\frac{1}{KR_E} = \frac{1}{R_E} + \frac{dn}{dH} \tag{2.42}$$

mit

K = Krümmungsfaktor der Funkwellenausbreitung.

Die Tabelle 2.4 erläutert die Ergebnisse der Modellgleichung (2.42).

Tabelle 2.4: Troposphärische Funkwellenausbreitung;
K = Krümmungsfaktor (Gleichung 2.42),
n = elektromagnetischer Brechungsindex,
H = Höhe über dem Erdboden,
R_E = Erdradius.

dn/dH (in m^{-1}) (Brechungsgradient)	K (Krümmungsfaktor)	Funkwellenausbreitung
0	$K = 1$	Optische Sichtweite (Gleichung 2.41)
> 0	$0 < K < 1$	Radiosichtweite < optische Sichtweite
$-4{,}8 \cdot 10^{-8}$	$k = 4/3$	Radiosichtweite (ISA)
$-1/R_E$	$K \to \infty$	Radiosichtweite um den „ganzen Erdball" (Bild 2.12)
$< -1/R_E$	$K < 0$	Strahlungskrümmung -konkav- (Bild 2.12)

Für K > 0 beträgt die Radiosichtweite:

$$R_a = \sqrt{K} R_{opt} \,. \tag{2.43}$$

Mit K > 1 ergeben sich demnach Überreichweiten.

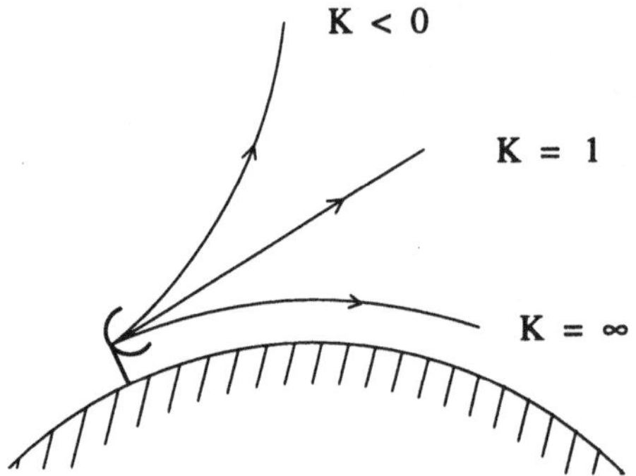

Bild 2.12: Einfluß der Brechung auf die Wellenausbreitung

2.5.4 Troposphärische Streuung

Überreichweiten entstehen auch durch Streuung der direkten Strahlung an den Inhomogenitäten der Troposphäre (Bild 2.13).

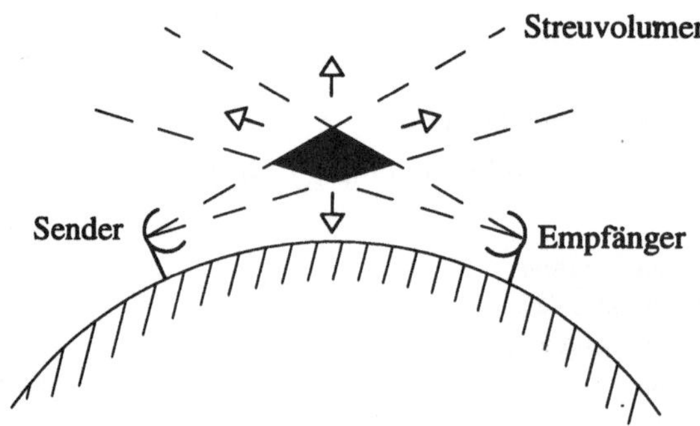

Bild 2.13: Streuverbindung mit gemeinsamem Streuvolumen

Die Streuung unterscheidet sich von der Brechung und der Reflexion durch diffuse Verteilung der Sekundärstrahlung in alle Raumrichtungen. Normalerweise wird hierbei vorwärts mehr gestreut als in andere Richtungen.

2.5.5 Absorption (Dämpfung)

Der Brechungsindex n und die Dämpfungskonstante α sind frequenzabhängige Größen. Ab etwa 5 GHz macht sich eine stärkere Streuung an Regen- und Nebeltröpfchen bemerkbar. Je größer der Tropfen im Vergleich zur Wellenlänge ist, desto größer sind die Streuverluste bzw. die Dämpfungskonstante. Oberhalb von 15 GHz können die Regenverluste zeitweise so wachsen, daß Funkverbinungen unterbrochen werden.

Im Bereich von 23 GHz ergibt sich eine maximale Dämpfung des Wasserdampfes bis zu 0,2 dB/km und bei 60 GHz eine maximale Dämpfung des Sauerstoffes bis zu 15 dB/km.

2.5.6 Polarisation

Im troposphärischen Ausbreitungsbereich von EM-Wellen treten alle Formen der Polarisation auf. In Analogie zum Raumwellenempfang über die Ionosphäre lauten allgemein die Feldgleichungen [*R* wird hierbei (s. Gleichungen 2.18 bis 2.21) in den Indizes durch *T* ersetzt]:

$$E_{\mathrm{VT}} = E_{\mathrm{VOT}} \cos(\omega t) \quad (2.44)$$

$$E_{\mathrm{HT}} = E_{\mathrm{HOT}} \cos(\omega t + \varphi) \quad 2.45)$$

$$H_{\mathrm{VT}} = -H_{\mathrm{VOT}} \cos(\omega t + \varphi) \quad (2.46)$$

$$H_{\mathrm{HT}} = H_{\mathrm{HOT}} \cos(\omega t). \quad (2.47)$$

Tabelle 2.5 erläutert den Sachverhalt.

Tabelle 2.5: Polarisation von EM-Wellen in der Troposphäre; V = Vertikal, H = Horizontal

Parameterkonstellation	Polarisationsform
$\varphi \neq 0;\ \varphi \neq \pm\pi$	elliptisch
$E_{\mathrm{VOT}} = E_{\mathrm{HOT}},\ \varphi = \pm\,\pi/2$	zirkular
$\varphi = 0;\ \varphi = \pm\pi$	linear (allgemein)
$E_{\mathrm{HOT}} = 0$	linear (vertikal)
$E_{\mathrm{VOT}} = 0$	(horizontal)

3 Funkpeilung

3.1 Einleitung

Die Funkpeilung [17] dient der Richtungsbestimmung und Standortfestlegung einer Strahlungsquelle. Der Funkpeiler ermittelt dazu die Richtung, aus der die EM-Welle einfällt, die der zu peilende Sender ausstrahlt. Funkpeilung ist im Gegensatz zum Radar ein passiver Vorgang, der von der gepeilten Sendestelle weder bemerkt noch verhindert werden kann.

Als Bezugsrichtung wird geographisch Nord (GN) oder magnetisch Nord (MN) gewählt. Den Winkel zur Bezugsrichtung bezeichnet man als Azimut (α).

Zur Vereinfachung der Darstellung wird ein Bezugsnord (N) eingeführt.

Nachfolgend werden die wichtigsten Peilverfahren erläutert und die Ortung mit Funkpeilern besprochen.

3.2 Drehrahmenpeiler

Das klassische Peilgerät, d.h. das erste Gerät, das sowohl historisch gesehen als auch vom Stand der physikalischen Grundlagen für Zwecke der Funkpeiltechnik eingesetzt wurde und heute noch eingesetzt wird, ist der vertikale Drehrahmen [18].

Der Drehrahmen besteht aus einer oder mehreren Luftdrahtschleifen, deren geometrische Fläche A klein gegenüber dem Quadrat der Luftwellenlänge λ ist. Er wird in der Regel zum Peilen vertikal-polarisierter Bodenwellen eingesetzt.

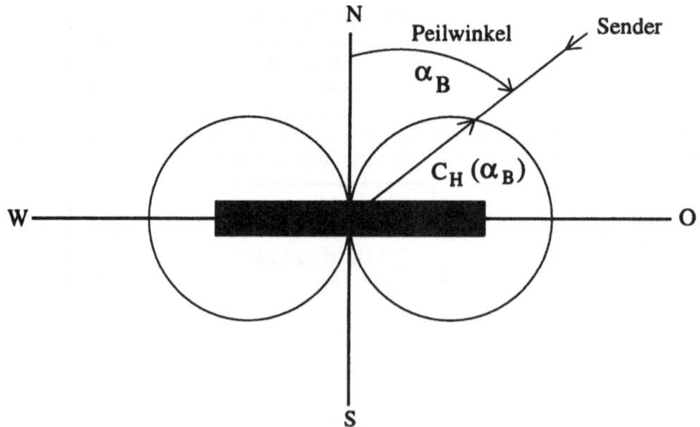

Bild 3.1: OW-Vertikalrahmen unter Bodenwelleneinfall (Draufsicht); $C_H(\alpha_B) = U(\alpha_B)/U_{max} = |\sin(\alpha_B)|$ = horizontale Richtcharakteristik (Doppelkreischarakteristik)

3.2.1 Bodenwellenpeilung

Eine vertikale Rahmenantenne spricht gemäß dem Induktionsgesetz bei Bodenwelleneinfall auf das horizontale magnetische Feld an (Bild 2.2).

Die Spannungsgleichung (Anhang A.6.3) beträgt für den OW-Rahmen (Bild 3.1):

$$U_{\mathrm{OWB}} = h_{\mathrm{eff\,RL}} \cdot E_{\mathrm{VOB}} \cdot \sin(\alpha_{\mathrm{B}}) \cdot \sin(\omega t)\,. \tag{3.1}$$

mit

$h_{\mathrm{eff\,RL}}$ = $(2\pi An)/\lambda$ = effektive Antennenhöhe des Luftrahmens
n = Anzahl der Windungen
E_{VOB} = Amplitude der elektrischen Feldstärke der Bodenwelle
α_{B} = Azimut der Bodenwelle.

Der Rahmen besitzt (Bild 3.1) ein Doppelkreisdiagramm.

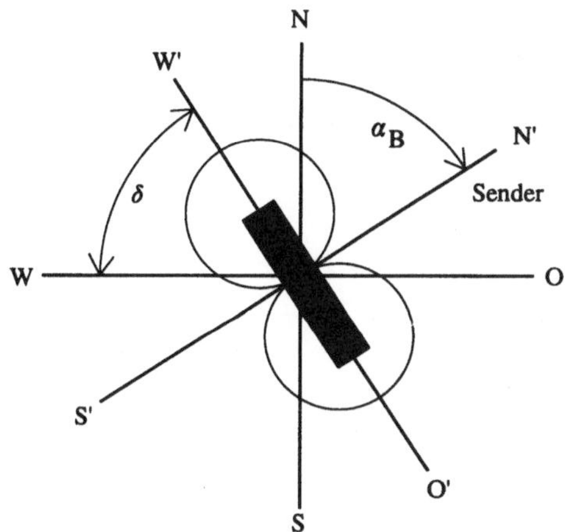

Bild 3.2: Drehrahmen (Draufsicht); Spannungsminimum in Richtung zum Sender ($\delta = \alpha_B$)

Wird ein OW-Rahmen aus der OW-Ebene im Uhrzeigersinn um den Drehwinkel δ (Bild 3.2) zum Sender gedreht, dann beträgt bei Bodenwelleneinfall die Spannungsgleichung:

$$U_{\mathrm{dB}} = h_{\mathrm{eff\,RL}} \cdot E_{\mathrm{VOB}} \cdot \sin(\alpha_{\mathrm{B}} - \delta) \cdot \sin(\omega t)\,. \tag{3.2}$$

Für $\delta = \alpha_{\mathrm{B}}$ und $\delta = \alpha_{\mathrm{B}} + 180°$ wird die Rahmenspannung

$$U_{\delta B} = 0 \tag{3.3}$$

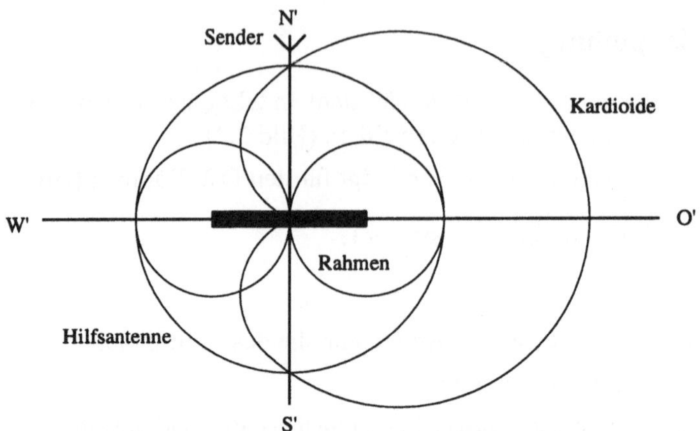

Bild 3.3: Kardioidenbildung zur Seitenerkennung; $\delta = \alpha_B$

Um die Doppeldeutigkeit der Peilung eines Senders auszuschließen, wird zu seiner Seitenerkennung die Hilfsspannung U_{Hi} einer vertikalen Dipol- oder Stabantenne mit horizontaler Rundstrahlcharakteristik

$$U_{\text{Hi}} = h_{\text{eff D/St}} \cdot E_{\text{VOB}} \cdot \cos(\omega t) \tag{3.4}$$

($h_{\text{eff D/St}}$ = effektive Antennenhöhe einer Dipol- oder Stabantenne)
nach Phasendrehung von $-\pi/2$ mit

$$U'_{\text{Hi}} = h_{\text{eff D/St}} \cdot E_{\text{VOB}} \cdot \sin(\omega t) \tag{3.5}$$

dem Drehrahmen additiv zugeschaltet.

Die Kardioidenspannung $U_{\delta\text{RK}}$ beträgt für

$$h_{\text{eff D/St}} = h_{\text{eff RL}} \tag{3.6}$$

somit:

$$U_{\text{dRK}} = h_{\text{eff RL}}[1 + \sin(\alpha_{\text{B}} - \delta)] \cdot \sin(\omega t)\,. \tag{3.7}$$

Die Kardioidenspannung ist im Gegensatz zur Rahmenspannung nicht mehr doppeldeutig. Nach Abgleich des Minimums und Zuschaltung der Hilfsantenne wird beim Weiterdrehen des Rahmens im Uhrzeigersinn die Kardioidenspannung kleiner oder größer.

Der Sender liegt in Richtung N', wenn die Spannung kleiner wird, oder in Richtung S', wenn die Spannung größer wird.

Für den Gehörpeiler bedeutet dies:

Sender in Richtung N' „leiser“

Sender in Richtung S' „lauter“.

Nachfolgend wird die Seitenerkennung nicht mehr explizit ausgedückt.

3.2.2 Raumwellenpeilung

Der Drehrahmen ist in der Regel nicht für die Peilung von Raumwellen geeignet. Dieser Sachverhalt wird nachfolgend erläutert. Nach dem Induktionsgesetz (s. Anhang A.6.3) lautet die Spannungsgleichung bei Einfall einer elliptisch polarisierten Raumwelle auf einen Drehrahmen:

$$\begin{aligned} U_{\delta R} = h_{\mathrm{eff\,RL}} [&E_{VOR} \cdot \sin(\alpha_R - \delta) \cdot \sin(\omega t) \\ &+ E_{HOR} \cdot \sin(\beta) \cos(\alpha_R - \delta) \sin(\omega t + \varphi)] \end{aligned} \tag{3.8}$$

mit (s. Abschnitt 2.3)

E_{VOR} = Amplitude des vertikalen elektrischen Feldstärke-anteils der elliptisch polarisierten Raumwelle

E_{HOR} = Amplitude des horizontalen elektrischen Feldstärkeanteils der elliptisch polarisierten Raumwelle

φ = Phasenverschiebung zwischen dem vertikalen und dem horizontalen Anteil des elektrischen Feldes

α_R = Azimut der Raumwelle

β = Elevation der Raumwelle (Bild 2.5).

Für die Extremwerte der Phase $\varphi = 0$ und $\varphi = \pm\pi$ ist die Raumwelle linear polarisiert. Die Gl. (3.8) nimmt für die Linearpolarisation folgende Form an:

$$\begin{aligned} U_{\delta R} = h_{\mathrm{eff\,RL}} \cdot E_{OR} [&\cos(\gamma) \sin(\alpha_R - \delta) \\ &+ \sin(\gamma) \sin(\beta) \cos(\alpha_R - \delta)] \sin(\omega t) \end{aligned} \tag{3.9}$$

mit

E_{OR} = Amplitude der elektrischen Gesamtfeldstärke der linear polarisierten Raumwelle

γ = Polarisationswinkel der linear polarisierten Raumwelle

$$-\frac{\pi}{2} \leq \gamma \leq +\frac{\pi}{2} \tag{3.10}$$

$(\varphi = \pm\pi)$ $(\varphi = 0)$.

Die Polarisationsfehlergleichung der Funkpeiltechnik lautet [19]:

$$\tan(-f_p) = \tan(\gamma) \cdot \sin(\beta) \tag{3.11}$$

mit

f_p = Polarisationsfehler.

Nach Einsetzen der Gl.(3.11) in die Gl.(3.9) ergibt sich folgende Spannungsgleichung [20]:

$$U_{\delta \mathrm{R}} = h_{\mathrm{eff\,RL}} \cdot E_{OR} \frac{\cos(\gamma)}{\cos(f_{\mathrm{p}})} \sin\left[(\alpha_R - f_p) - \delta\right] \sin(\omega t). \tag{3.12}$$

Für $\delta = (\alpha_{\mathrm{R}} - f_p)$ und $\delta = (\alpha_{\mathrm{R}} - f_{\mathrm{p}}) + 180°$ wird die Rahmenspannung

$$U_{\delta \mathrm{R}} = 0. \tag{3.13}$$

Der gemessene Azimut (Peilwert) beträgt demnach:

$$\alpha' = \alpha_{\mathrm{R}} - f_{\mathrm{p}}. \tag{3.14}$$

Das Antennendiagramm wird somit infolge der Polarisation verdreht.

Es gilt:

$f_{\mathrm{p}} = 0°$ => Vertikalpolarisation (richtige Peilung)

$f_{\mathrm{p}} = \pm 90°$ => Horizontalpolarisation (maximale Falschpeilung).

3.2.3 Ferritrahmen

Um die Bauhöhe eines Luftrahmens zu verringern, werden vielfach Luftspulen mit Ferritkern verwendet. Die effektive Antennenhöhe eines Ferritrahmens $h_{\mathrm{eff\,R}\mu}$ kann hierbei gegenüber einem Luftrahmen gleichen Querschnitts A und gleicher Windungszahl n um den Faktor μ'_{r} (Realteil der komplexen frequenzabhängigen Permeabilitätszahl $\underline{\mu}_r' = \mu_r' - j\mu_r''$) gesteigert werden.

Es gilt:

$$h_{\mathrm{eff\,R}\mu} = \mu_r' \cdot h_{\mathrm{eff\,RL}} = h_{\mathrm{eff\,R}} \tag{3.15}$$

mit

$h_{\mathrm{eff\,R}}$ = effektive Antennenhöhe eines Rahmens (unabhängig von der Bauweise).

3.3 Dreh-Adcock-Peiler

3.3.1 Adcock-Prinzip

Der Apotheker F. Adcock ging davon aus [21], daß der Polarisationsfehler des vertikalen Rahmens [s. Gl. (3.11)] durch Weglassen von horizontalen Schleifenanteilen vermieden werden kann. Diese Überlegungen waren falsch, führten aber mit der Entwicklung von H/U-Adcocks (Bild 3.4) zu erfolgreichen Lösungen der Funkpeiltechnik.

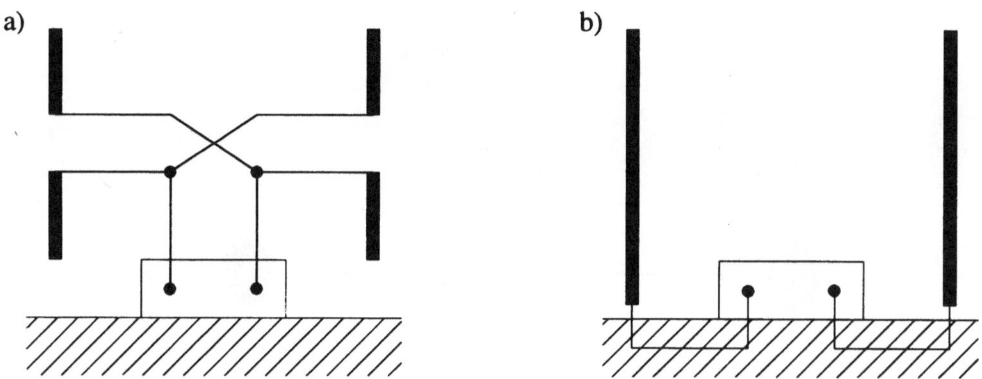

Bild 3.4: Grundschaltung; a) 2fach H-Adcock, b) 2fach U-Adcock

Adcock-Antennensysteme (Bild 3.5) können aus beliebig gewählten Antennenelementen (Dipole, geerdete Stabantennen, NS/OW-Rahmen u.s.w.) aufgebaut werden. Maßgebend ist hierbei, daß gleichartige Einzelstrahler verwendet werden.

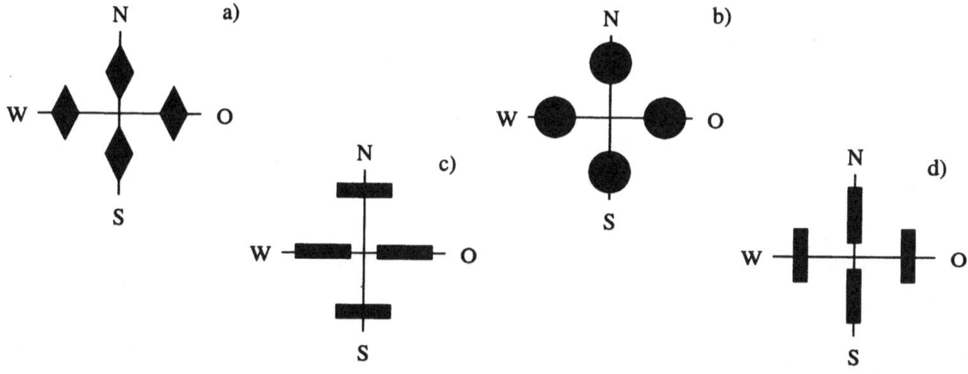

Bild 3.5: 4fach-Adcock (Draufsicht);
a) beliebige Antennenelemente, b) vertikale Dipole/geerdete Stabantennen,
c) OW-Vertikalrahmen, d) NS-Vertikalrahmen

Nachfolgend (Bild 3.6) wird für einen 2fach OW-Adcock die Spannungsgleichung für eine beliebige polarisierte Raumwelle entwickelt [20].

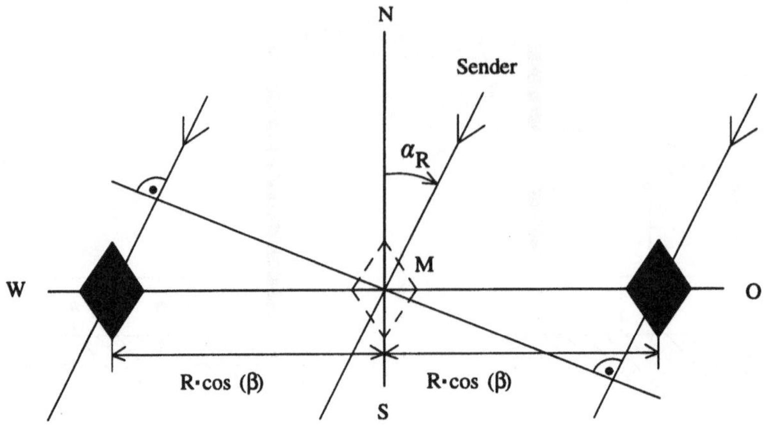

Bild 3.6: 2fach OW-Adcock (Draufsicht) bei Raumwelleneinfall; „Phantomantenne" im Mittelpunkt M, α_R = Azimut, β = Elevation

Die Raumwelle erzeugt im Mittelpunkt M (Sitz der „Phantomantenne") die Spannung:

$$U_{MR} = U(\alpha_R, \beta) \cdot \cos(\omega t + \varphi_R) \tag{3.16}$$

mit

$U(\alpha_R, \beta)$ = Amplitude der ebenen Raumwelle

φ_R = Grundphase der ebenen Raumwelle für die Antenne im Mittelpunkt M.

Die Spannungen der Antennenelemente 1 und 2 können somit wie folgt angegeben werden:

$$U_1 = U(\alpha_R, \beta) \cdot \cos\left[\omega\left(t + \frac{\Delta}{c}\right) + \varphi_R\right] \tag{3.17}$$

$$U_2 = U(\alpha_R, \beta) \cdot \cos\left[\omega\left(t - \frac{\Delta}{c}\right) + \varphi_R\right] \tag{3.18}$$

mit

$\Delta = R \cdot \cos(\beta) \cdot \sin(\alpha_R)$

c = Lichtgeschwindigkeit

$$\frac{\omega \Delta}{c} = \frac{2\pi R}{\lambda} \cdot \cos(\beta) \cdot \sin(\alpha_R).$$

Nach Gegeneinanderschaltung der gleichartigen Einzelstrahler ergibt sich als Differenz die Adcockspannung:

$$U_{OWR} = U_2 - U_1 = M_{OWR} \cdot U'_{MR} \tag{3.19}$$

mit

$$M_{\mathrm{OWR}} = 2\sin\left[\frac{2\pi}{\lambda}\cdot R\cdot\cos(\beta)\cdot\sin(\alpha_{\mathrm{R}})\right] \quad (3.20)$$

= Adcockgruppenfaktor der OW-Anordnung bei Raumwelleneinfall

$$U'_{\mathrm{MR}} = U(\alpha_{\mathrm{B}},\beta)\cdot\sin(\omega t+\varphi_{\mathrm{R}}) \quad (3.21)$$

= transformierte Mittelpunktsspannung der einfallenden Raumwelle.

Die transformierte Mittelpunktsspannung U'_{MR} unterscheidet sich von der Mittelpunktsspannung U_{MR} durch eine Phasendrehung um $-\pi/2$.

Für Bodenwelleneinfall ($\beta = 0$) nimmt die Beziehung (3.19) die Form an:

$$U_{\mathrm{OWB}} = M_{\mathrm{OWB}}\cdot U'_{\mathrm{MB}} \quad (3.22)$$

mit

$$M_{\mathrm{OWB}} = 2\sin\left[\frac{2\pi}{\lambda}\cdot R\cdot\sin(\alpha_{\mathrm{B}})\right] \quad (3.23)$$

= Adcockgruppenfaktor der OW-Anordnung bei Bodenwelleneinfall

$$U'_{\mathrm{MB}} = U(\alpha_{\mathrm{B}})\cdot\sin(\omega t+\varphi_{\mathrm{B}}) \quad (3.24)$$

= transformierte Mittelpunktsspannung der einfallenden Bodenwelle

$U(\alpha_{\mathrm{B}})$ = Amplitude der ebenen Bodenwelle

α_{B} = Azimut der Bodenwelle

φ_{B} = Grundphase der ebenen Bodenwelle für die Antenne im Mittelpunkt M.

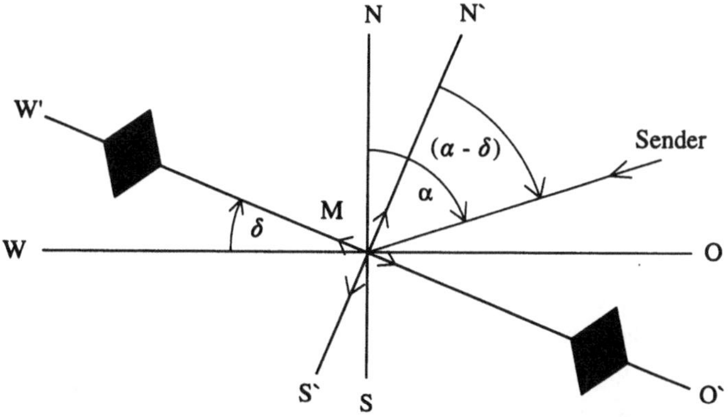

Bild 3.7: Drehadcock unter Einfall einer EM-Welle (Draufsicht)

Wird ein 2fach OW-Adcock (Bild 3.7) aus der OW-Ebene um den Drehwinkel δ gedreht (in Analogie zum OW-Rahmen), so betragen für Boden- und Raumnwellen die Adcock-Spannungen:

$$U_{\delta \mathrm{B}} = M_{\delta \mathrm{B}} \cdot U'_{\delta \mathrm{MB}} \text{ (Bodenwelle)} \tag{3.25}$$

$$U_{\delta \mathrm{R}} = M_{\delta \mathrm{R}} \cdot U'_{\delta \mathrm{MR}} \text{ (Raumwelle)} \tag{3.26}$$

mit

$$M_{\delta \mathrm{B}} = 2\sin\left[\frac{2\pi}{\lambda} \cdot R \cdot \sin(\alpha_{\mathrm{B}} - \delta)\right] \tag{3.27}$$

= Adcockgruppenfaktor des Dreh-Adcocks bei Bodenwelleneinfall

$$M_{\delta \mathrm{R}} = 2\sin\left[\frac{2\pi}{\lambda} \cdot R \cdot \sin(\alpha_{\mathrm{R}} - \delta)\right] \tag{3.28}$$

= Adcockgruppenfaktor des Dreh-Adcocks bei Raumwelleneinfall

$$U'_{\delta \mathrm{MB}} = U(\alpha_{\mathrm{B}} - \delta) \cdot \sin(\omega t + \varphi_{\mathrm{B}}) \tag{3.29}$$

= transformierte Mittelpunktsspannung bei Bodenwelleneinfall.

$$U'_{\delta \mathrm{MR}} = U[(\alpha_{\mathrm{R}} - \delta), \beta] \cdot \sin(\omega t + \varphi_{\mathrm{R}}) \tag{3.30}$$

= transformierte Mittelpunktsspannung bei Raumwelleneinfall.

Für eine Kleinbasisanordnung mit dem Durchmesser

$$D = 2R << \lambda$$

nehmen die Gleichungen (3.27) und (3.29) die Formen

$$M_{\delta \mathrm{B}} = \frac{2\pi D}{\lambda} \cdot \sin(\alpha_{\mathrm{B}} - \delta) \tag{3.31}$$

und

$$M_{\delta \mathrm{R}} = \frac{2\pi D}{\lambda} \cdot \cos(\beta) \cdot \sin(\alpha_{\mathrm{R}} - \delta) \tag{3.32}$$

an, da bei kleinen Winkeln der Sinus durch sein Argument ersetzt werden kann. Die Gruppenfaktoren $M_{\delta \mathrm{B}}$ und $M_{\delta \mathrm{R}}$ erfüllen hierbei in Analogie zum Drehrahmen bei Bodenwelleneinfall das gewünschte Doppelkreisdiagramm eines Minimumpeilers.

Jeder Kleinbasis-Drehadcock hat zur Richtungsbestimmung α eines Senders bei beliebiger Polarisation und bei Verwendung gleichartiger Einzelstrahler zwei echte Adcock-Minima (Nullstellen):

$\delta = \alpha$ und $\delta = \alpha + 180°$.

Alle weiteren Minima ergeben sich durch Nullstellen (keine Spannung) der Einzelstrahler (Beispiel 3.1).

3.3.2 Koaxial-und koplanar-Doppelrahmen

Der Doppelrahmen [20] wird sowohl in koaxialer als auch in koplanarer Anordnung (s. Bild 3.8) als Kleinbasis-Drehadcockpeiler (Minimumpeiler) für Boden- und Raumwellenpeilungen verwendet.

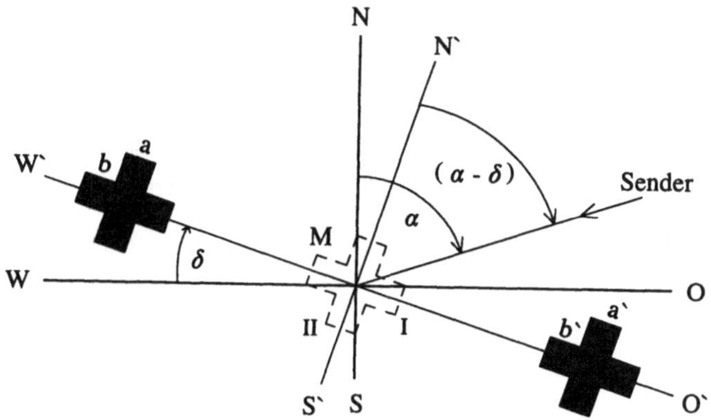

Bild 3.8: Kreuzdoppelrahmen unter Einfall einer EM-Welle (Draufsicht); a,a'-koaxiale Anordnung, b,b'-koplanare Anordnung

Aufgabe 3.1:

Geben Sie füe einen Kleinbasis-Kreuzdoppelrahmen unter Bodenwelleneinfall (s. Bild 3.8) die Adcock-Spannungs- gleichungen und ihre Nullstellen an.

Ergebnis:

1) koaxiale Anordnung a, a':

$$\begin{aligned} U_{\delta \mathrm{B}} &= M_{\delta \mathrm{B}} \cdot U'_{\mathrm{MIIB}} \\ &= -h_{\mathrm{eff\,S}} \cdot E_{\mathrm{VOB}} \cdot \sin(\alpha_{\mathrm{B}} - \delta) \cdot \cos(\alpha_{\mathrm{B}} - \delta) \cdot \cos(\omega t) \end{aligned} \tag{3.33}$$

mit

$$h_{\mathrm{eff\,S}} = \frac{2\pi D}{\lambda} \cdot h_{\mathrm{eff\,R}} \tag{3.34}$$

= Systemhöhe eines Kleinbasis-Doppelrahmens

$\cos(\alpha_{\mathrm{B}} - \delta) = \sin(\alpha_{\mathrm{B}} + 90° - \delta)$.

Adcock-Nullstellen => $\delta = \alpha_{\mathrm{B}}$ und $\delta = \alpha_{\mathrm{B}} + 180°$

Spannungsnullstellen der Einzelstrahler => $\delta = \alpha_B + 90°$ *und* $\delta = \alpha_B + 270°$.

2) koplanare Anordnung b,b':

$$U_{\delta B} = M_{\delta B} \cdot U'_{MIB} = -h_{eff\,S} \cdot E_{VOB} \cdot \sin^2(\alpha_B\text{-}\delta) \cdot \cos(\omega t) \tag{3.35}$$

Adcock-Nullstellen und Spannungsnullstellen fallen zusammen

=> $\delta = \alpha_B$ und $\delta = \alpha_B + 180°$.

3.4 Goniometerpeiler

3.4.1 Prinzip

Die mechanische Drehung des Rahmens und des Drehadcocks beliebiger Ausführung kann mit feststehenden Antennensystemen (s. Bild 3.9) durch Anwendung des Goniometerprinzips von Artom-Bellini-Tosi [22] umgangen werden.

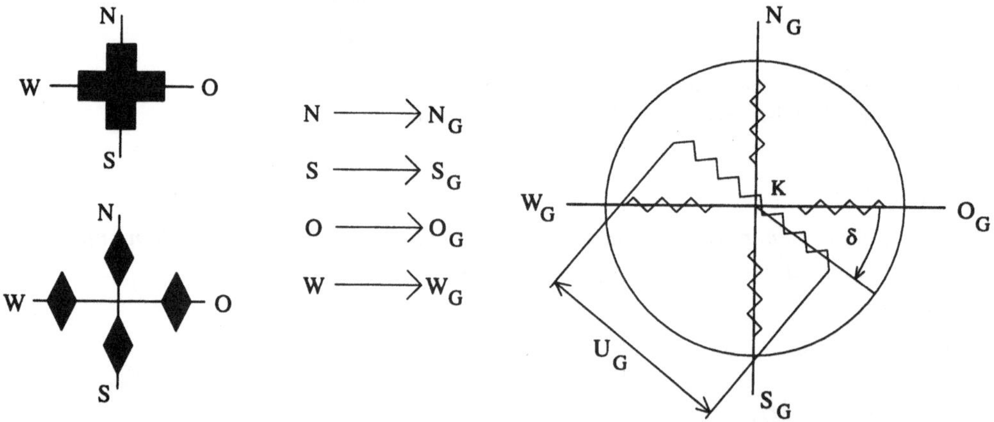

Bild 3.9: Goniometerpeiler; a) Kreuzrahmen, b) 4fach-Adcock, K = Kopplungsfaktor zwischen Rotor und Stator

Das Goniometer (Bild 3.9) hat hierbei die Aufgabe, die Peilung statt im Originalfeld in einem winkelgetreuen Hilfsfeld mit einer Suchspule durchzuführen.

Die Goniometerspannung U_G beträgt bei Vernachlässigung der Störung des Hilfsfeldes durch die Suchspule [20]:

$$U_G = K\,[U_{OW} \cdot \cos(\delta) - U_{NS} \cdot \sin(\delta)] \tag{3.36}$$

mit

$K \leq 1$ = Kopplungsfaktor zwischen Rotor und Stator (Bild 3.9).

3.4.2 Goniometerpeiler mit Kreuzrahmen

Bei Bodenwelleneinfall lauten die Spannungsgleichungen des Kreuzrahmens:

$$U_{\text{OWB}} = h_{\text{eff R}} \cdot E_{\text{VOB}} \cdot \sin(\alpha_{\text{B}}) \cdot \sin(\omega t) \tag{3.1}$$

$$U_{\text{NSB}} = h_{\text{eff R}} \cdot E_{\text{VOB}} \cdot \cos(\alpha_{\text{B}}) \cdot \sin(\omega t)\,. \tag{3.37}$$

Anmerkung: Die Gl. (3.37) ergibt sich aus der Gl. (3.2) mit $\delta = -90°$ (s. auch Aufgabe 3.1).

Setzt man die Kreuzrahmenbeziehungen (3.1) und (3.37) in die Goniometergleichung (3.36) ein, so nimmt diese die Form an:

$$\begin{aligned} U_{\text{GB}} &= K \cdot h_{\text{eff R}} \cdot E_{\text{VOB}} \, [\sin(\alpha_{\text{B}}) \cos(\delta) - \cos(\alpha_{\text{B}}) \sin(\delta)] \sin(\omega t) \\ &= K \cdot h_{\text{eff R}} \cdot E_{\text{VOB}} \cdot \sin(\alpha_{\text{B}} - \delta) \cdot \sin(\omega t)\,. \end{aligned} \tag{3.38}$$

Die Gl. (3.38) ist somit (K=1) mit der Drehrahmengleichung (3.2) identisch.
Dieser Sachverhalt gilt auch bei Raumwelleneinfall.

3.4.3 Goniometerpeiler mit 4fach-Adcock

Für einen 4fach-Adcock (s. Bild 3.5) gilt bei Boden- oder Raumwelleneinfall:

$$U_{\text{OWB,R}} = M_{\text{OWB,R}} \cdot U'_{\text{MB,R}} \tag{3.39}$$

[s. Gl. (3.19) und Gl. (3.22)] und

$$U_{\text{NSB,R}} = M_{\text{NSB,R}} \cdot U'_{\text{MB,R}} \tag{3.40}$$

mit

$$M_{\text{NSB}} = 2\sin\left[\frac{\pi}{\lambda} \cdot D \cdot \cos(\alpha_{\text{B}})\right] \tag{3.41}$$

$$M_{\text{NSR}} = 2\sin\left[\frac{\pi}{\lambda} \cdot D \cdot \cos(\beta) \cdot \cos(\alpha_{\text{R}})\right]. \tag{3.42}$$

Anmerkung: M_{NSB} und M_{NSR} ergeben sich aus den Gleichungen (3.27) und (3.28) mit $\delta = -90°$.

Setzt man die Beziehungen (3.39) und (3.40) in die Goniometeergleichung (3.36) ein, so beträgt die Goniometerspannung U_G:

$$U_{GB,R} = K\,[M_{OWB,R} \cdot \cos(\delta) - M_{NSB,R} \cdot \sin(\delta)] \cdot U'_{MB,R}\,. \tag{3.43}$$

$U_{GB,R} = 0$ für:

$$\tan(\delta) = \frac{M_{OWB}}{M_{NSB}} = \tan(\alpha') = \frac{\sin\left[\left(\frac{\pi}{\lambda}\right) \cdot D \cdot \sin(\alpha_B)\right]}{\sin\left[\left(\frac{\pi}{\lambda}\right) \cdot D \cdot \cos(\alpha_B)\right]} \tag{3.44}$$

[Bodenwelleneinfall ($\beta = 0$)]

$$\tan(\delta) = \frac{M_{OWR}}{M_{NSR}} = \tan(\alpha') = \frac{\sin\left[\left(\frac{\pi}{\lambda}\right) \cdot D \cdot \cos(\beta) \cdot \sin(\alpha_R)\right]}{\sin\left[\left(\frac{\pi}{\lambda}\right) \cdot D \cdot \cos(\beta) \cdot \cos(\alpha_B)\right]} \tag{3.45}$$

[Raumwelleneinfall ($\beta > 0$)]

mit

α' = gemessener Azimut (Peilwert).

Für Kleinbasis-Adcocks ($D/\lambda << 1$) folgt aus den Gl. (3.44) und (3.45):

$$\delta = \alpha' = \alpha_B \tag{3.46}$$

$$\delta = \alpha' = \alpha_R\,. \tag{3.47}$$

Der Systemfehler des 4fach Adcocks wird in Abschnitt 3.5.3 behandelt.

3.5 Watson-Watt-Peiler

Das Watson-Watt-Zweikanalverfahren [23,24] stellt eine konsequente Weiterentwicklung des Goniometer-Einkanalverfahrens dar. Mit dem Zweikanalverfahren können in einigen Fällen auch Mehrwellenpeilungen (kohärent/inkohärent) durchgeführt werden.

3.5.1 Watson-Watt-Prinzip

Werden die U_{OW}, U_{NS}-Spannungen eines Kreuzrahmens oder eines 4fach-Adcocks über zwei Verstärkerkanäle auf die X,Y-Platten eines Oszillographen gegeben, so wird das Doppelkanalprinzip (s. Bild 3.10) realisiert.

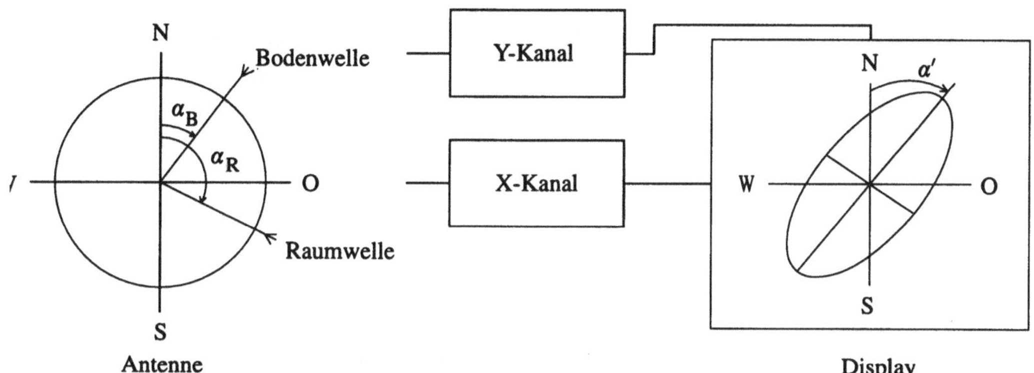

Bild 3.10: Watson-Watt-Peiler (Prinzip); α' = gemessener Azimut

Die Spannungsgleichungen lauten:

$$U_X = V_X \cdot U_{OW} \tag{3.48}$$

$$U_Y = V_Y \cdot U_{NS} \tag{3.49}$$

mit

$V_X = V_Y$ = Verstärkungsfaktoren der X,Y-Peilkanäle.

Zur Vereinfachung der Darstellung wird nachfolgend $V_X = V_Y = 1$ gesetzt.

3.5.2 Watson-Watt-Peiler mit Kreuzrahmen

Bodenwelleneinfall

Die Kanalspannungen (s. Abschnitt 3.2 und Anhang A.6.3 – 4) lauten:

$$U_X = U_{OWB} = h_{eff\,R} \cdot E_{VOB} \cdot \sin(\alpha_B) \cdot \sin(\omega t) \tag{3.50}$$

$$U_Y = U_{NSB} = h_{eff\,R} \cdot E_{VOB} \cdot \cos(\alpha_B) \cdot \sin(\omega t)\,. \tag{3.51}$$

Auf dem Bildschirm (s. Bild 3.10) erscheint eine Strichanzeige:

$$\frac{U_X}{U_Y} = \tan(\alpha') = \tan(\alpha_B)\,. \tag{3.52}$$

Der gemessene Azimut α' ist demnach mit dem Azimut der Bodenwelle α_B identisch.

Raumwelleneinfall

Die Kanalspannungen U_X, U_Y werden bei Einfall einer elliptisch polarisierten Raumwelle (s. Gl. (3.8) und Anhang A.6.3 – 4) wie folgt angegeben [9]:

$$U_X = U_{OWR} = h_{eff\,R}\,[E_{VOR} \cdot \sin(\alpha_R) \cdot \sin(\omega t) + E_{HOR} \cdot \sin(\beta) \cdot \cos(\alpha_R) \cdot \sin(\omega t + \varphi)] \tag{3.53}$$

$$U_Y = U_{NSR} = h_{eff\,R}\,[E_{VOR} \cdot \cos(\alpha_R) \cdot \sin(\omega t) - E_{HOR} \cdot \sin(\beta) \cdot \cos(\alpha_R) \cdot \sin(\omega t + \varphi)]\,. \tag{3.54}$$

Aus den Gl. (3.53) und (3.54) ist ersichtlich, daß auf dem Bildschirm (s. Bild 3.10) in der Regel eine Ellipse entsteht:

Die Richtung der Großachse α' gibt hierbei den gemessenen Azimut (Peilwert) an. Das Verhältnis der kleineren Halbachse b zur großen Halbachse a wird als Trübung T bezeichnet. Für $T = 0$ entartet die Ellipse zu einem Strich. Bei $T = 1$ erhält man einen Kreis.

Da sich alle Parameter der Raumwelle einschließlich Azimut und Elevation kurzfristig ändern können (s. Abschnitt 2.3), erscheinen auf dem Bildschirm torkelnde und durchdrehende Ellipsen [8], deren Größe und Trübung sich laufend ändern.

Auch Strichanzeigen ($T = 0$) werden beobachtet.

Fälschlicherweise wird deshalb oft davon ausgegangen, daß sich bei der Raumwelle nur die Phase φ ändert.

Wenn dies der Fall wäre, könnte man (wie nachfolgende Überlegungen zeigen) bei Raumwellenpeilungen von Langzeitsendungen auf die Verwendung von Adcocks verzichten.

Für die kurzfristige Linearpolarisation ($\varphi = 0$ und $\varphi = \pm\pi$) nehmen die Gleichungen (3.53) und (3.54) die folgenden Formen an:

$$U_X = U_{OWR} = h_{eff\,R}\, E_{OR}\, [\cos(\gamma)\sin(\alpha_R) + \sin(\gamma)\sin(\beta)\cos(\alpha_R)]\sin(\omega t) \tag{3.55}$$

$$U_Y = U_{NSR} = h_{eff\,R}\, E_{OR}\, [\cos(\gamma)\cos(\alpha_R) - \sin(\gamma)\sin(\beta)\sin(\alpha_R)]\sin(\omega t) \tag{3.56}$$

[s. Gl.(3.9) mit $\delta = 0°$ und $\delta = -90°$].

Es entsteht auf dem Bildschirm somit eine Strichanzeige:

$$\frac{U_X}{U_Y} = \tan(\alpha') = \frac{\cos(\gamma)\sin(\alpha_R) + \sin(\gamma)\sin(\beta)\cos(\alpha_R)}{\cos(\gamma)\cos(\alpha_R) - \sin(\gamma)\sin(\beta)\sin(\alpha_R)}$$

$$= \frac{\tan(\alpha_R) + \tan(\gamma)\sin(\beta)}{1 - \tan(\alpha_R)\tan(\gamma)\sin(\beta)}. \tag{3.57}$$

Nach Einführung der Polarisationsfehlergleichung (3.11) nimmt die Beziehung (3.57) die Form an:

$$\frac{U_X}{U_Y} = \tan(\alpha') = \frac{\tan(\alpha_R) - \tan(f_p)}{1 + \tan(\alpha_R)\tan(f)} = \tan(\alpha_R - f_p). \tag{3.58}$$

Für $\varphi = 0 \Rightarrow \alpha_1' = \alpha_R + f_p$,

für $\varphi = \pm\pi \Rightarrow \alpha_2' = \alpha_R - f_p$ (s. Seite 23).

Der Azimut der Raumwelle könnte somit aus dem einfachen arithmetischen Mittelwert zweier aufeinanderfolgender Strichanzeigen α_1' und α_2' mit

$$\alpha_R = \frac{\alpha_1' + \alpha_2'}{2} \tag{3.59}$$

angegeben werden.

Dieser Sachverhalt wird jedoch in der Funkpeilpraxis nicht bestätigt.

Kohärenter Boden- und Raumwelleneinfall

Die X, Y-Kanalspannungsgleichungen lauten [25]:

$$U_X = U_{XB} + U_{XR} \tag{3.60}$$

$$U_Y = U_{YB} + U_{YR} \tag{3.61}$$

(s. Gl.(2.33-38), Gl.(3.50- 51) und Gl.(3.53-54))

$$U_{XB} = h_{\text{eff R}} \cdot E_{VOB} \cdot \sin(\alpha_B) \cdot \sin(\omega t) \tag{3.62}$$

$$U_{YB} = h_{\text{eff R}} \cdot E_{VOB} \cdot \cos(\alpha_B) \cdot \sin(\omega t) \tag{3.63}$$

$$U_{XR} = h_{\text{eff R}} [E_{VOR} \cdot \sin(\alpha_R) \cdot \sin(\omega t + \varphi_1) + E_{HOR} \cdot \sin(\beta) \cdot \cos(\alpha_R) \cdot \sin(\omega t + \varphi_2)] \tag{3.64}$$

$$U_{YR} = h_{\text{eff R}} [E_{VOR} \cdot \cos(\alpha_R) \cdot \sin(\omega t + \varphi_1) - E_{HOR} \cdot \sin(\beta) \cdot \sin(\alpha_R) \cdot \sin(\omega t + \varphi_2)]. \tag{3.65}$$

Für den kohärenten Überlagerungsfall können zwei Varianten auftreten:

Variante 1: $\alpha_B = \alpha_R$ (3.66)

Variante 2: $\alpha_B \neq \alpha_R$ (Großkreisabweichung). (3.67)

In beiden Fällen erscheinen Ellipsen auf dem Bildschirm. Wenn diese Ellipsen pendeln, kann man davon ausgehen, daß eine starke Bodenwelle vorliegt.

Aus dem einfachen Mittel α_2' der Extremwerte α'_{min} und α'_{max} läßt sich in guter Näherung der Azimut der Bodenwelle

$$\alpha_B = \frac{\alpha'_{min} + \alpha'_{max}}{2} \tag{3.68}$$

angeben .

Es kommt demnach weniger auf eine große Anzahl von Meßwerten α' als auf die Erfassung eines geeigneten Zeitpunktes (Kurzzeitpeilung) bei pendelnder Anzeige an [26].

3.5.3 Watson-Watt-Peiler mit 4fach-Adcock

Gemäß den Gl.(3.19-24) und den Gl. (3.39-42) ergeben sich auf dem Bildschirm bei Boden- oder Raumwelleneinfall Strichanzeigen:

$$\frac{U_X}{U_Y} = \frac{M_{OWB}}{M_{NSB}} = \tan(\alpha') = \frac{\sin\left[\left(\frac{\pi}{\lambda}\right) \cdot D \cdot \sin(\alpha_B)\right]}{\sin\left[\left(\frac{\pi}{\lambda}\right) \cdot D \cdot \cos(\alpha_B)\right]} \tag{3.69}$$

[Bodenwelleneinfall ($\beta = 0$)]

$$\frac{U_X}{U_Y} = \frac{M_{OWR}}{M_{NSR}} = \tan(\alpha') = \frac{\sin\left[\left(\frac{\pi}{\lambda}\right) \cdot D \cdot \cos(\beta)\sin(\alpha_R)\right]}{\sin\left[\left(\frac{\pi}{\lambda}\right) \cdot D \cdot \cos(\beta)\cos(\alpha_B)\right]} \tag{3.70}$$

[Raumwelleneinfall ($\beta > 0$)]

mit

α' = gemessener Azimut (Peilwert).

Die Gleichungen (3.69-70) sind mit den Gl. (3.44-45) des Goniometerpeilers mit 4fach-Adcock identisch.

Die Forderung $\alpha' = \alpha_{B,R}$ wird wie beim Goniometerpeiler bei $D/\lambda \ll 1$ erfüllt.

Der Systemfehler f_S, bezogen auf die Gleichungen (3.44-45) sowie die Gleichungen (3.69-70), beträgt:

$$f_S = \alpha_{B,R} - \alpha' . \tag{3.71}$$

Die Reihenentwicklung von Zähler und Nenner der Gl. (3.45) bzw. Gl. (3.70) führt mit

$$\frac{D}{\lambda} \cdot \cos(\beta) \le 0{,}3 \tag{3.72}$$

in guter Näherung zu der achtelkreisigen Systemfehlergleichung

$$f_S = -f_{S\,max} \cdot \sin(4\alpha_{B,R}) \tag{3.73}$$

mit [27]

$$f_{S\,max} = \frac{1}{24}\left[\frac{\pi \cdot D\cos(\beta)}{\lambda}\right]^2 . \tag{3.74}$$

Die Fehlergleichung (3.73) hat

8 Nullstellen bei $\alpha_{B,R} = 0°; 45°; 90°...$

und 8 Maxima bei $\alpha_{B,R} = 22{,}5°; 67{,}5°...$

Anmerkung:

Zur Empfindlichkeitssteigerung und Systemfehlerminderung verwendet man heutzutage vorwiegend 8fach-Adcocks mit 16 Nullstellen bei $\alpha_{B,R}$ = 0°; 22,5°; 45°... und mit 16 Maxima bei $\alpha_{B,R}$ = 11,25°; 33,75°...

Für

$$\frac{D}{\lambda} \cdot \cos(\beta) \le 1{,}05 \tag{3.75}$$

beträgt der maximale Systemfehler

$$f_{S\,max} \le 1° . \tag{3.76}$$

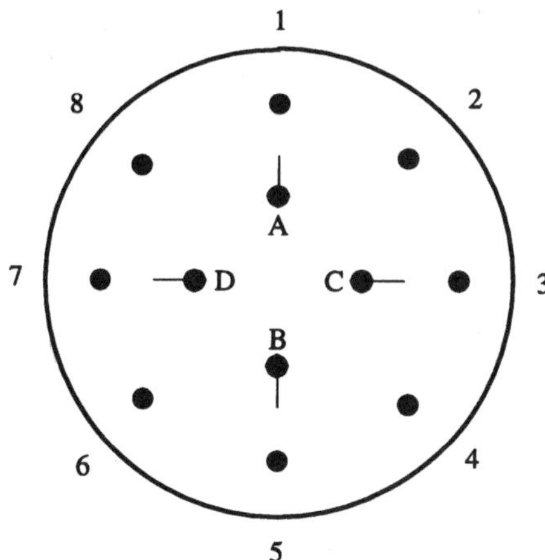

Bild 3.11: Koordinatenwandler

Die Kanalspannungen U_X und U_Y (AB/CD-Spannungen) werden hierbei mit Hilfe eines Koordinatenwandlers (Bild 3.11) gewonnen.

Für den kohärenten Überlagerungsfall von Boden- und Raumwellen gelten bei $D/\lambda \ll 1$ die Beziehungen [25]:

$$U_X = M_{OWB} \cdot U'_{MB} + M_{OWR} \cdot U'_{MR} \tag{3.77}$$

$$U_Y = M_{NSB} \cdot U'_{MB} + M_{NSR} \cdot U'_{MR} \tag{3.78}$$

mit

$$M_{OWB} = \frac{2\pi D}{\lambda} \cdot \sin(\alpha_R) \tag{3.79}$$

$$M_{OWR} = \frac{2\pi D}{\lambda} \cdot \cos(\beta) \cdot \sin(\alpha_R) \tag{3.80}$$

$$M_{NSB} = \frac{2\pi D}{\lambda} \cdot \cos(\alpha_B) \tag{3.81}$$

$$M_{NSR} = \frac{2\pi D}{\lambda} \cdot \cos(\beta) \cdot \cos(\alpha_B)\,. \tag{3.82}$$

Es entstehen auf dem Bildschirm somit für die Variante 1 ($\alpha_B = \alpha_R$) Strichanzeigen

$$\alpha' = \alpha_B = \alpha_R \tag{3.83}$$

und für die Variante 2 ($\alpha_B \neq \alpha_R$) bei starker Bodenwelle (in Analogie zum Kreuzrahmen) pendelnde Ellipsen.

3.5.4 Tangentenpeilsysteme

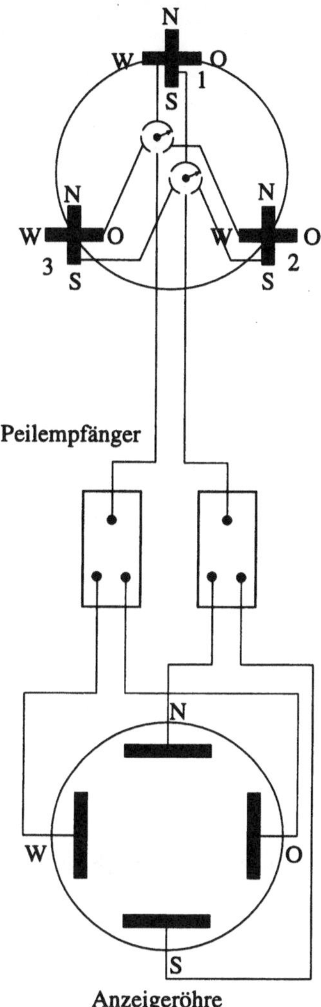

Bild 3.12: Watson-Watt-Tangentenpeilsystem mit drei Kreuzrahmen

Watson-Watt-Tangentenpeilsysteme bieten die Möglichkeit der Funkpeilung von kohärenten Boden- und Raumwellen [28,29].

Sie bestehen aus drei kreisförmig angeordneten Kreuzrahmen oder drei 4fach (8fach)-Adcocks, die in schnellem Wechsel einem Zweikanalempfänger zugeschaltet werden (Bild 3.12).

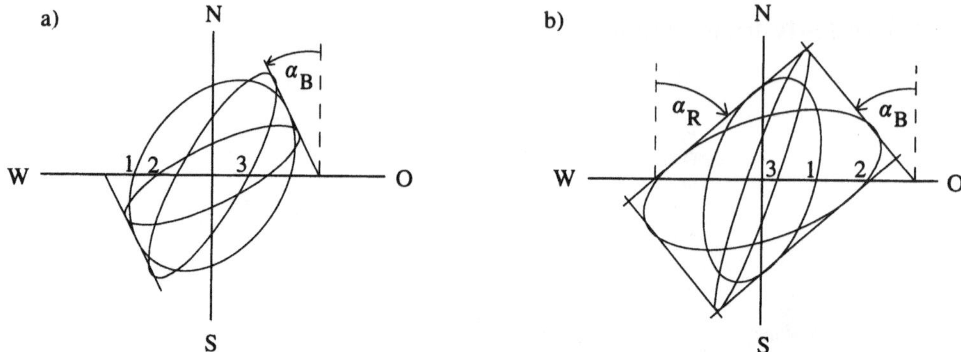

Bild 3.13: a) Sichtfunkanzeige mit Kreuzrahmen
b) Sichtfunkanzeige mit 4(8)fach-Adcock

Es entstehen hierbei in der Regel unterschiedliche Ellipsen.

Diese besitzen bei Kreuzrahmen (Bild 3.13 a) ein gemeinsames Tangentenpaar, das den Azimut der Bodenwelle repräsentiert [30].

Ein weiteres gemeinsames Tangentenpaar entsteht bei Verwendung von Adcock-Antennen (Bild 3.13b) für den Azimut der Raumwelle [30,31].

Für das Watson-Watt-Tangentenverfahren wurde das Auflösungsvermögen

$$|\alpha_B - \alpha_R| \geq 5° \tag{3.84}$$

ermittelt.

Die günstigste Systemauslegung erreicht man bei

$$\frac{D}{\lambda} \approx 1. \tag{3.85}$$

Das Tangentenpeilsystem ist für den Antennen-Diversity-Betrieb mit drei unterschiedlichen Peilantennen ungeeignet [32].

3.5.5 Untersuchung von Peilellipsen

Bei der Diskussion über Peilellipsen des Watson-Watt-Peilers werden die Kanalspannungsgleichungewn (Ellipse in Parameterdarstellung) mit der allgemeinen Ellipsengleichung in impliziter Form verglichen. Dieser Vergleich ermöglicht es, den Peilwert α' und die Trübung T zu bestimmen.

Durch „Vektoraddition" der Kanalspannungen (U_X, U_Y) entsteht die Gesamtspannung (U). Aus den Maximum-/minimumwerten lassen sich auf sehr einfache Weise Peilwert und Trübung bestimmen.

Nach mathematischer Darlegung der Methode wird diese an einer synthetischen momentanen Peilsituation-Überlagerung von kohärenten Boden- und Raumwellen-erläutert [33].

Als Peilantennen werden ein Kreuzrahmen und ein 4fach H/U-Adcock zugrunde gelegt.

Bei elliptischer Anzeige werden die X,Y-Kanalspannungen folgendermaßan angegeben:

$$U_X = U_{11} \cdot \sin(\omega t) + U_{12} \cdot \cos(\omega t) \tag{3.86}$$

$$U_Y = U_{21} \cdot \sin(\omega t) + U_{22} \cdot \cos(\omega t) \tag{3.87}$$

mit

$$U_{11}, U_{12}, U_{21}, U_{22} = \text{Spannungskoeffizienten.}$$

Die Bildschirmspannung U beträgt:

$$U = \sqrt{U_X^2 + U_Y^2}\ . \tag{3.88}$$

Wird die Gleichung (3.88) nach der Zeit differenziert, erhält man

$$\frac{dU}{dt} = \frac{U_X \cdot \frac{dU_X}{dt} + U_Y \cdot \frac{dU_Y}{dt}}{U}\ . \tag{3.89}$$

Die Ellipsenspannung U erreicht während einer Schwingungsperiode zwei Maximalwerte (große Halbachse) und zwei Minimalwerte (kleine Halbachse). Der Zähler der Gleichung (3.89) wird hierbei jeweils Null, d.h. es ist

$$U_X \cdot \frac{dU_X}{dt} = -U_Y \cdot \frac{dU_Y}{dt}\ . \tag{3.90}$$

Setzt man die Gl. (3.86) und die Gl. (3.87) in die Gl. (3.90) ein, so erhält man gemäß den Additionstheoremen

$$\cos(2\omega t) = \cos^2(\omega t) - \sin^2(\omega t) \tag{3.91}$$

und

$$\sin(2\omega t) = 2 \sin(\omega t) \cdot \cos(\omega t) \tag{3.92}$$

die Beziehung:

$$\tan(2\omega t_X) = \frac{2(U_{11} \cdot U_{12} + U_{21} \cdot U_{22})}{U_{12}^2 + U_{22}^2 - U_{11}^2 - U_{21}^2}\ . \tag{3.93}$$

Die Gl.(3.93) hat im Bereich

$$0 \le \omega t \le 2\pi \tag{3.94}$$

vier Lösungen; diese geben die Lage und Größe der Ellipsen an.

Aufgabe 3.2

Ein kohärenter Überlagerungsfall [s. Gl. (2.33-38)] soll berechnet werden.

Bodenwelle: $\alpha_B = 45°$; $E_{VOB} \cdot h = 1$ *,(normierte Spannungsamplitude)*

Raumwelle: $\alpha_R = 60°$; $\beta = 30°$; $\varphi_1 = \pi/2$; $\varphi_2 = \pi/6$;

$E_{VOR} \cdot h = 2$; $E_{HOR} \cdot h = 1$

(normierte Spannungsamplitude) (normierte Spannungsamplitude)

mit

$h = h_{eff\,R}$ = *effektive Antennenhöhe eines Rahmens [s. Gl. (3.15)]*

oder mit

$h = h_{eff\,S}$ = *Systemhöhe eines Kleinbasis-2fach H/U-Adcocks.*

Ergebnis:

Wenn man diese Momentanwerte in die Systemgleichungen (3.60–3.65) des Kreuzrahmens einsetzt, ergeben sich folgende Kanalspannungen:

$$U_X = 0{,}274 \cdot \sin(\omega t) + 1{,}482 \cdot \cos(\omega t) \tag{3.95}$$

$$U_Y = 1{,}457 \cdot \sin(\omega t) + 1{,}433 \cdot \cos(\omega t)\,. \tag{3.96}$$

Ein H/U-Adcock nimmt die vertikal polarisierte Bodenwelle und den vertikalen elektrischen Feldstärkeanteil der Raumwelle auf.

Die transformierten Mittelpunktsspannungen (U'_{MB}, U'_{MR}) *lauten nach dem Adcock-Prinzip (s. Abschnitt 3.31):*

$$U'_{MB} = h_{eff\,D/St} \cdot E_{VOB} \cdot \sin(\omega t) \tag{3.97}$$

$$U'_{MR} = h_{eff\,D/St} \cdot E_{VOR} \cdot \cos(\beta) \cdot \sin(\omega t + \varphi_1) \tag{3.98}$$

mit

$h_{eff\,D/St}$ = *effektive Antennenhöhe eines vertikalen Dipols oder einer geerdeten Stabantenne.*

Die Gl.(3.97-98) in die Systemgleichungen (3.77-81) eingesetzt, ergeben folgende Kanalspannungen für den 4fach H/U-Adcock :

$$\begin{aligned} U_X &= h_{eff\,S}\big[E_{VOB} \cdot \sin(\alpha_B) \cdot \sin(\omega t) \\ &\quad + E_{VOR} \cdot \cos^2(\beta) \cdot \sin(\alpha_R) \cdot \sin(\omega t + \varphi_1)\big] \end{aligned} \tag{3.99}$$

$$\begin{aligned} U_Y &= h_{eff\,S}\big[E_{VOB} \cdot \cos(\alpha_B) \cdot \sin(\omega t) \\ &\quad + E_{VOR} \cdot \cos^2(\beta) \cdot \cos(\alpha_R) \cdot \sin(\omega t + \varphi_1)\big] \end{aligned} \tag{3.100}$$

mit

$$h_{\text{eff S}} = \frac{2\pi D}{\lambda} \cdot h_{\text{eff D/St}} \; . \tag{3.101}$$

Für die oben angeführten Momentanwerte nehmen die Gl.(3.99-100) die Formen an:

$$U_X = 0{,}707 \cdot \sin(\omega t) + 1{,}300 \cdot \cos(\omega t) \tag{3.102}$$

$$U_Y = 0.707 \cdot \sin(\omega t) + 0{,}750 \cdot \cos(\omega t) \; . \tag{3.103}$$

Bild 3.14 a,b zeigt die momentanen Peilellipsen.

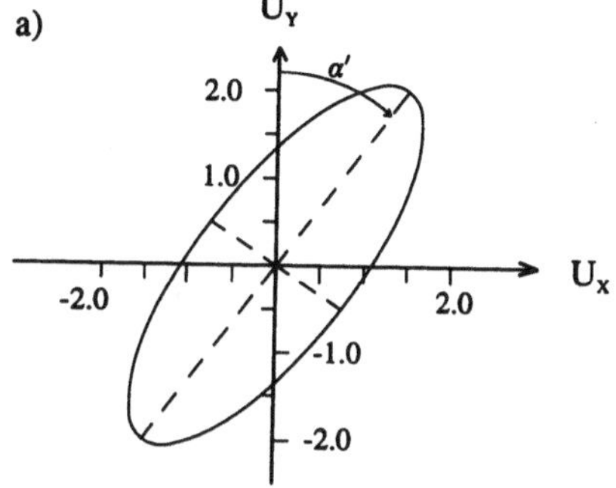

Bild 3.14a: Peilellipse des Kreuzrahmens;
Peilwert $\alpha' = 34{,}67°$, Peilfehler $f = \alpha_B - \alpha' = 10{,}33°$, Trübung $T = b/a = 0{,}2984$

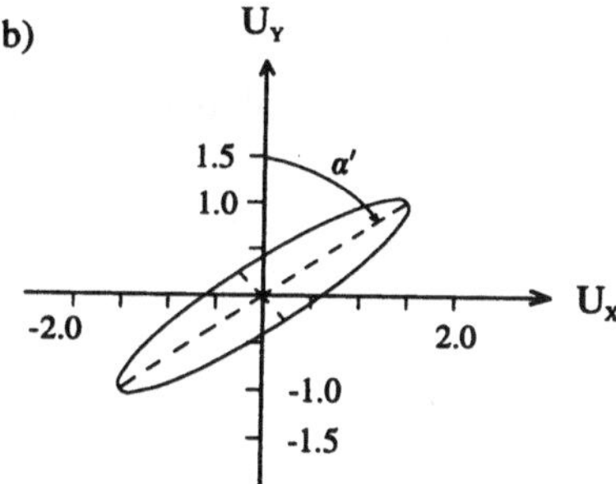

Bild 3.14b: Peilellipse des 4fach-Adcocks;
Peilwert $\alpha' = 55{,}47°$, Peilfehler $f = \alpha_B - \alpha' = -10{,}47°$, Trübung $T = b/a = 0{,}1213$

3.5.6 Modifizierte Watson-Watt-Peiler

Es werden zwei Modifikationen vorgestellt:

- Watson-Watt-Peiler mit drehbarem Doppelkreuzrahmen
- Watson-Watt-Peiler mit dreidimensionalem Rahmen und Goniometer.

Drehbarer Doppelkreuzrahmen (Bild 3.8)

Der koplanare Doppelrahmen wird auf den X-Kanal und der koaxiale Doppelrahmen auf den Y-Kanal des Peilempfängers geschaltet [34].

Das Verfahren wurde speziell für die Peilung von elliptisch-polarisierten Raumwellen entwickelt. Es ist aber auch für die Interferenzanalyse bei Überlagerung von kohärenten Boden- und Raumwellen geeignet [35].

Bei Raumwelleneinfall lauten die Kanalspannungsgleichungen:

$$U_X = M_{\delta R} \cdot U'_{MIR} \tag{3.104}$$

$$U_Y = M_{\delta R} \cdot U'_{MIIR} \tag{3.105}$$

(Ellipse oder Strichanzeige)

mit ($D/\lambda << 1$)

$$M_{\delta R} = \frac{2\pi D}{\lambda} \cdot \cos(\beta) \cdot \sin(\alpha_R - \delta) \quad \text{[s. Gl. (3.32)]}$$

U'_{MIR}, U'_{MIIR} = transformierte Mittelpunktsspannungen des drehbaren Phantomkreuzrahmens bei Raumwelleneinfall (s. Bild 3.8).

Für $\delta = \alpha_R$ und $\delta = \alpha_R + 180°$ ergeben sich zwei „echte“ Adcock-Minima:

$$U_X = 0 \tag{3.106}$$

$$U_Y = 0 \tag{3.107}$$

(„Rauschpunkt“ auf dem Bildschirm).

Aufgabe 3.3:

Erläutern Sie die Schirmbildanzeige bei Bodenwelleneinfall.

Lösung:

Aus den Gl. (3.33-35) folgt eine Strichanzeige

$$\frac{U_X}{U_Y} = \tan(\alpha') = \tan(\alpha_B - \delta). \tag{3.108}$$

Diese entartet zu einer Punktanzeige für $\delta = \alpha_B$ und $\delta = \alpha_B + 180°$ [s. Gl. (3.106) u. Gl. (3.107)]

Dreidimensionaler Rahmen mit Goniometer

Gemäß Bild 3.15 wird die Goniometerspannung U_G des vertikalen Kreuzrahmens auf den Y-Kanal und die Spannung des horizontalen Rahmens auf den X-Kanal des Zweikanalempfängers geschaltet [36,37].

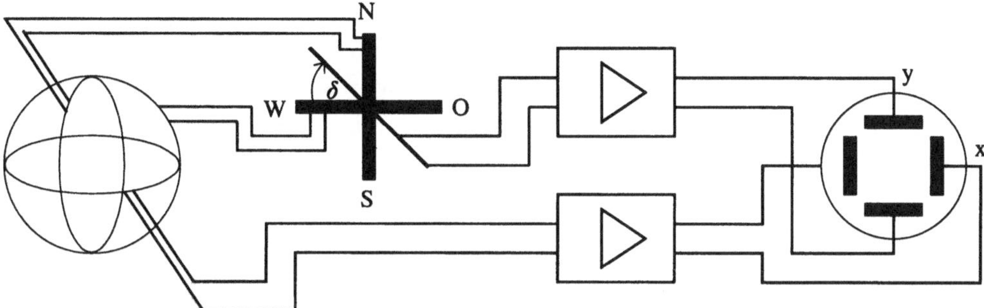

Bild 3.15: Watson-Watt-Peiler mit dreidimensionalem Rahmen und Goniometer

Das Verfahren ist insbesonders für die Peilung elliptisch polarisierter Raumwellen geeignet [38,39].

Für die X,Y-Kanäle des Sichtgeräts lauten die Spannungsgleichungen bei Raumwelleneinfall (s. Anhang A.6.3 – 4 u. Abschnitt 3.4.3):

$$U_X = h_{\mathrm{eff\,R}} \cdot E_{\mathrm{HOR}} \cdot \cos(\beta) \sin(\omega t + \varphi) \tag{3.109}$$

$$U_Y = U_G = K\, h_{\mathrm{eff\,R}}\, [E_{\mathrm{VOR}} \sin(\alpha_R - \delta) \sin(\omega t) + E_{\mathrm{HOR}} \sin(\beta) \cos(\alpha_R - \delta) \sin(\omega t + \varphi)] \tag{3.110}$$

(elliptische Anzeige).

Bei $\delta = \alpha_R$ und $\delta = \alpha_R + 180°$ entarten die Ellipsen zu Strichanzeigen (Peilkriterium):

$$\frac{U_X}{U_Y} = \tan(\alpha') = \pm\frac{1}{K}\cot(\beta) \ . \tag{3.111}$$

3.5.7 Komponentenauflösung von Gleichkanalsendern

Die Watson-Watt-Peiler ermöglichen die Interferenzanalyse inkohärenter Sender innerhalb der Bandbreite eines Empfängers [40,41,42,43].

Für den inkohärenten Mehrwellenempfang lauten die X,Y-Kanalspannungsgleichungen [44]:

$$U_X = \sum_{k=1}^{n} A_{xk} \sin(\omega_k t) + \sum_{k=1}^{n} B_{xk} \cos(\omega_k t) \tag{3.112}$$

$$U_Y = \sum_{k=1}^{n} A_{yk} \sin(\omega_k t) + \sum_{k=1}^{n} B_{yk} \cos(\omega_k t) \tag{3.113}$$

mit

$k = 1,2...n$ = Zahl der inkohärenten Wellen

ω_k = Kreisfrequenzen der inkohärenten Wellen

$A_{xk}, B_{xk}, A_{yk}, B_{yk}$ = Spannungskoeffizienten der inkohärenten Wellen.

Zur vollständigen Interferenzauflösung von n Sendern auf dem Bildschirm ist gemäß der Unschärferelation die Zeit

$$t_{min} = \frac{1}{\Delta f_{min}} \tag{3.114}$$

mit

Δf_{min} = minimaler Frequenzabstand zweier Gleichkanalsender innerhalb der Bandbreite eines Empfängers.

Der Azimutabstand $\Delta\alpha$ dieser Sender darf hierbei 5° nicht unterschreiten.

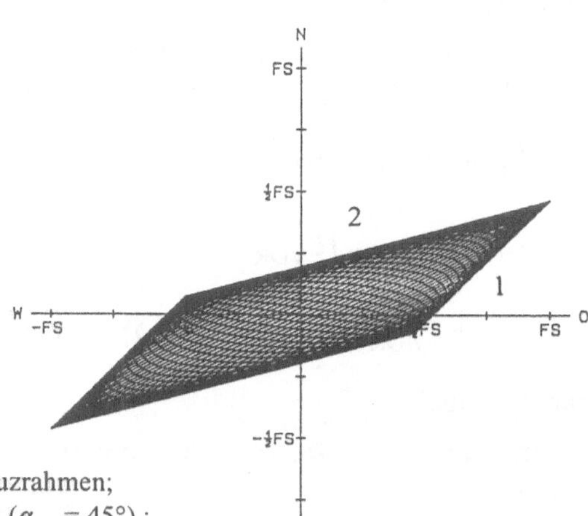

Bild 3.16: Sichtfunkanzeige mit Kreuzrahmen; Bodenwelle des Senders 1 ($\alpha_{B1} = 45°$) ; Bodenwelle des Senders 2 ($\alpha_{B2} = 75°$); $E_{VOB1}/E_{VOB2} = 1/2$; $f_2 - f_1 = 500$ Hz

3.5.8 VHF/UHF-Adcock-Anlagen

Im troposphärischen Wellenausbreitungsbereich (s. Abschnitt 2.5) treten alle Polarisationsformen auf. Als Antennen werden hierbei für Watson-Watt-Peilanlagen

4(8)fach H-Adcocks verwendet [45]. Diese nehmen nur den vertikalen elektrischen Feldstärkeanteil auf.

3.5.9 Anwendungen

Watson-Watt-Peiler mit Echtzeitsignalverarbeitung werden vorwiegend für folgende Zwecke verwendet:

- Navigationspeiler in der Schiffahrt (70 kHz...4 MHz)
- Funküberwachung/Funkaufklärung (0.1 MHz...600 MHz)
- VHF/UHF-Verkehrspeiler zur Lenkung von Flugzeugen und Schiffen bei Funksprechverkehr.

3.6 Interferometerpeiler

Als Interferometer werden Peilanordnungen bezeichnet, die zur Richtungsbestimmung einer EM-Welle die direkten Phasenbeziehungen zwischen räumlich getrennten gleichartigen Einzelantennen (Sonden) nutzen [46,47,48].

Die einfachste Interferometeranordnung besteht aus drei Antennen, die vorzugsweise ein rechtwinkliges, gleichschenkliges Dreieck bilden (Bild 3.17).

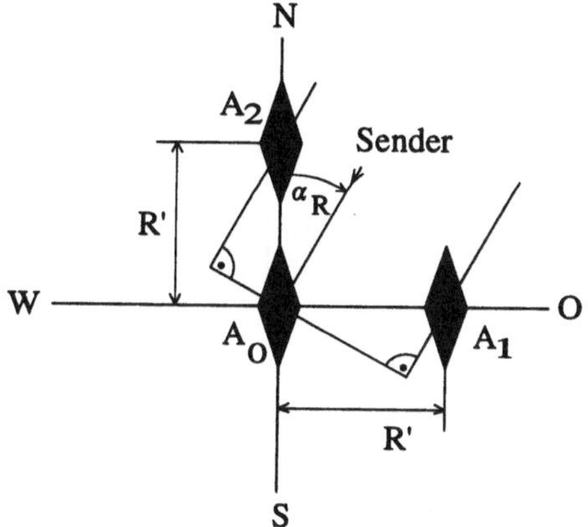

Bild 3.17: Interferometer (Draufsicht) mit drei gleichartigen Antennen (A_0,A_1,A_2) unter Raumwelleneinfall, $R' = R \cdot \cos(\beta)$ = efektiver Abstand zwischen zwei Antennen

Aus Bild 3.17 folgen in Analogie zum Adcock Prinzip bei Raumwelleneinfall die Phasenmeßwerte (s. Abschnitt 3.3.1):

$$\Delta\varphi_{\mathrm{OWR}} = \varphi_{\mathrm{A1}} - \varphi_{\mathrm{A0}} = \frac{2\pi R}{\lambda} \cos(\beta) \sin(\alpha_{\mathrm{R}}) \tag{3.115}$$

$$\Delta\varphi_{\mathrm{NSR}} = \varphi_{\mathrm{A2}} - \varphi_{\mathrm{A0}} = \frac{2\pi R}{\lambda}\cos(\beta)\cos(\alpha_{\mathrm{R}}) \; . \tag{3.116}$$

Das Peilergebnis (α_R, β) mit Seitenerkennung ergibt sich aus:

$$\tan(\alpha_{\mathrm{R}}) = \frac{\Delta\varphi_{\mathrm{OWR}}}{\Delta\varphi_{\mathrm{NSR}}} \tag{3.117}$$

und

$$\cos(\beta) = \frac{\lambda}{2\pi R}\sqrt{(\Delta\varphi_{\mathrm{OWR}})^2 + (\Delta\varphi_{\mathrm{NSR}})^2} \; . \tag{3.118}$$

Die Seitenerkennung erhält man aus den Vorzeichen der beiden Phasenmeßwerte $\Delta\varphi_{\mathrm{OWR}}$ und $\Delta\varphi_{\mathrm{NSR}}$.

Hierbei wird zusätzlich gefordert:

$$R\cos(\beta) \leq \frac{\lambda}{2} . \tag{3.119}$$

Für $\beta = 0°$ folgt die Peilung einer Bodenwelle. Die Signalverarbeitung erläutert Bild 3.18.

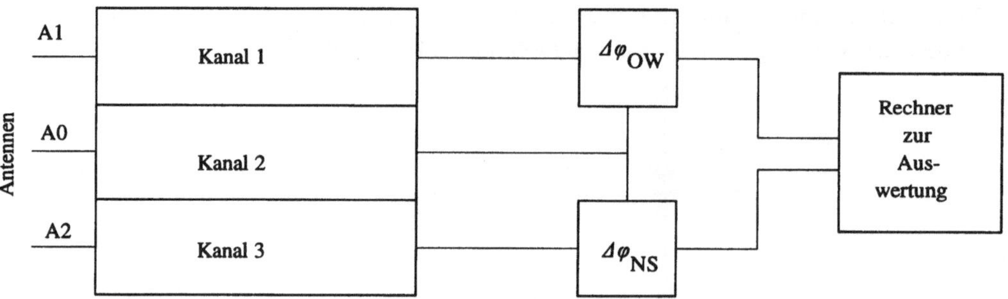

Bild 3.18: Blockschaltbild der Signalverarbeitung

In Prinzip können für Interferometerpeiler beliebige gleichartige Antennenelemente für die Gruppenbildung verwendet werden. Richtcharakteristik und Polarisationsverhalten spielen hierbei keine Rolle. Vorzugsweise werden Stab-/Dipolantennen und vertikale Kreuzrahmen mit horizontaler Rundcharakteristik verwendet [49]. Abschließende Untersuchungen über Mehrwelleneinfall stehen noch aus.

Anwendung

Interferometerpeiler werden z.Z. vorwiegend bei der Funküberwachung bzw. Funkaufklärung im HF-Bereich verwendet.

3.7 Doppler-Peiler

Wellenausbreitungsvorgänge unterliegen dem Doppler-Prinzip. Bewegen sich Sender und Empfänger aufeinander zu, so ist die Empfangsfrequenz f_E größer als die Senderfrequenz f_S. Bewegen sich Sender und Empfänger voneinander weg, so verringert sich die Empfangsfrequenz f_E .

Gemäß der Doppler-Gleichung gilt:

$$f_E = \frac{f_S\left(1 \pm \frac{v_r}{c}\right)}{\sqrt{1-\left(\frac{v_r}{c}\right)^2}} \tag{3.120}$$

mit

v_r = Relativgeschwindigkeit von Sender und Empfänger

c = Lichtgeschwindigkeit.

Für $v_r << c$ beträgt die Dopplerverschiebung:

$$f_D = f_E - f_S = \pm f_S \cdot \frac{v_r}{c} = \pm \frac{v_r}{\lambda}. \tag{3.121}$$

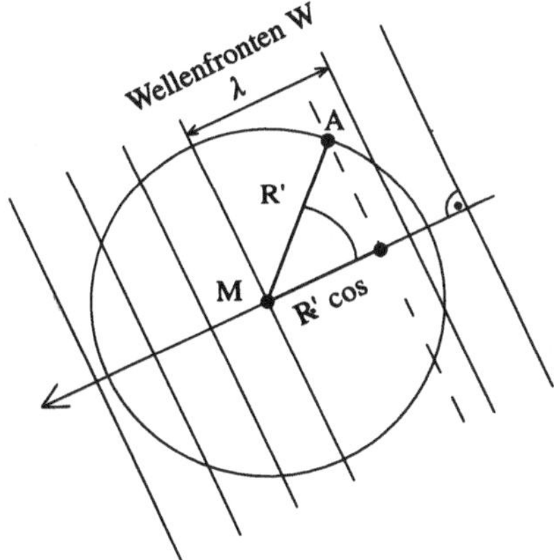

Bild 3.19: Prinzip des Doppler-Peilers (Draufsicht); $\Theta = \omega_r t$

Das Doppler-Peilverfahren kann anhand von Bild 3.19 erläutert werden [50, 51, 52, 53].

Eine Antenne mit horizontaler Rundstrahlcharakteristik wird in der horizontalen Ebene auf einem Kreis mit dem Radius R bewegt.

Bei Raumwelleneinfall unter dem Elevationswinkel β beträgt der effektive Radius

$$R' = R \cdot \cos(\beta).$$

Die Spannung der Referenzantenne im Mittelpunkt M wird mit

$$U_M = U_0 \cos(\omega t) \tag{3.122}$$

angegeben.

Im Meßpunkt A, der durch die Drehung der Antenne auf dem Kreis um den Winkel Θ zur Ausbreitungsrichtung der Welle erreicht wird, tritt gegenüber der Referenzspannung eine Phasenverschiebung von

$$\varphi = \frac{2\pi}{\lambda} R \cos(\beta) \cos(\Theta) \tag{3.123}$$

auf.

Rotiert die Antenne mit konstanter Winkelgeschwindigkeit ω_r, so beträgt der ortsabhängige Spannungsverlauf:

$$U_A = U_0 \cos\left[\omega t + \frac{2\pi}{\lambda} R \cos(\beta) \cos(\omega_r t)\right]. \tag{3.124}$$

In einem Phasendetektor wird die Phase der rotierenden Antenne mit der Phase der Referenzantenne im Mittelpunkt M verglichen.

Es folgt daraus die Dopplerphase:

$$\varphi_D(t) = \frac{2\pi}{\lambda} R \cos(\beta) \cos(\omega_r t). \tag{3.125}$$

Die zeitabhängige Dopplerfrequenz beträgt somit:

$$f_D(t) = \frac{1}{2\pi} \cdot \frac{d(\varphi_D)}{dt} = -f_{D\max} \sin(\omega_r t) \tag{3.126}$$

mit

$$f_{D\max} = \left(\frac{\omega_r}{\lambda}\right) R \cos(\beta) = \text{Frequenzhub}. \tag{3.127}$$

Für $\Theta = \omega_r t = n\pi$ wird $f_D = 0$ (Richtung des Senders ohne Seitenerkennung).

Die Richtungsbestimmung wird eindeutig, wenn berücksichtigt wird, daß sich die Antenne beim Durchgang

$$f_D(t) = f_{D\max} \tag{3.128}$$

in Richtung des Senders bewegt.

Aus dem Frequenzhub kann auch die Elevation β einer Welle bestimmt werden. Für $\beta = 0$ folgt die Peilung einer Bodenwelle.

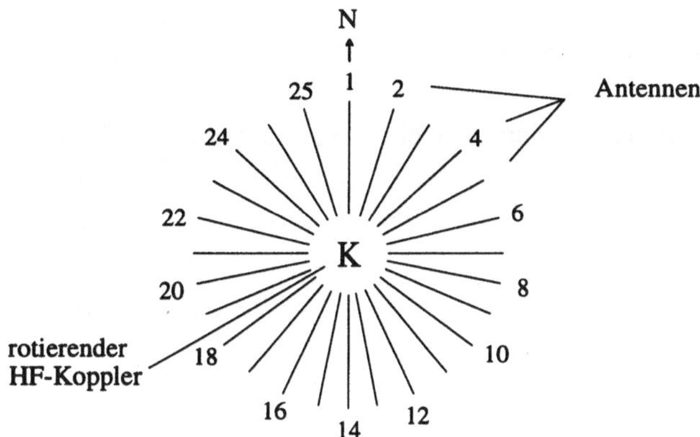

Bild 3.20: Quasi-Doppler-Peilantenne mit Kommutator K

In der Praxis wird die mechanische Rotation einer Einzelantenne mit horizontaler Rundstrahlcharakteristik durch zyklische elektronische Abtastung (Bild 3.20) von mehreren auf einem Kreis befindlichen gleichartigen Antennen (Kreisgruppe) ersetzt.

Bei Mehrwelleneinfall werden die schwachen Komponenten wegen der Phasenmodulation (s. Gl. 3.124) unterdrückt. Bild 3.21 erläutert den Grundaufbau eines Doppler-Peilers.

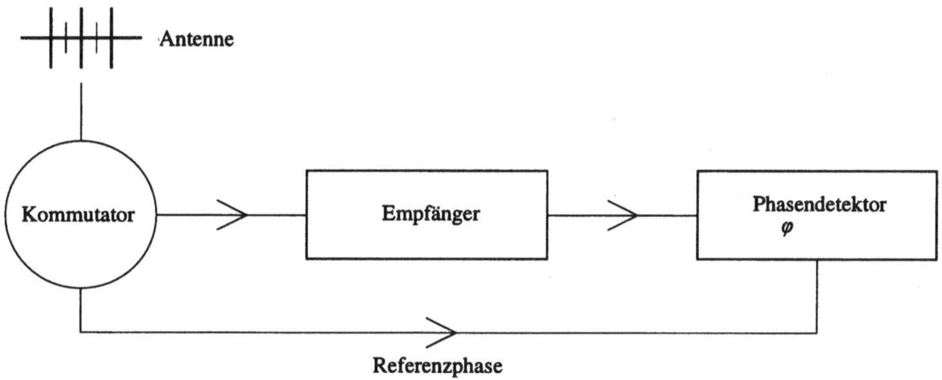

Bild 3.21: Grundaufbau eines Doppler-Peilers.

Anwendung

Doppler-Peiler werden z.Z. im Frequenzbereich 0,5 MHz...1000 MHz realisiert [54].

Als Großbasis-Peiler bei $D/\lambda > 1$ können mit Doppler-Peilern Funkfeldstörungen vermindert werden. Sie dienen der Funküberwachung (Funkaufklärung) und werden als Verkehrspeiler verwendet.

3.8 Peilen mit Richtantennen

Die Richtungsbestimmung eines Senders mit einer Richtantenne ist die einfachste Art der Funkpeilung.

In den Abschnitten 3.2 und 3.3 wurden Drehrahmen und Dreh-Adcocks als Minimumpeiler behandelt.

In den VHF-, UHF- und SHF-Bereichen werden Umlaufpeiler (vorzugsweise für Überwachungszwecke) als Maximumpeiler verwendet (Bild 3.22).

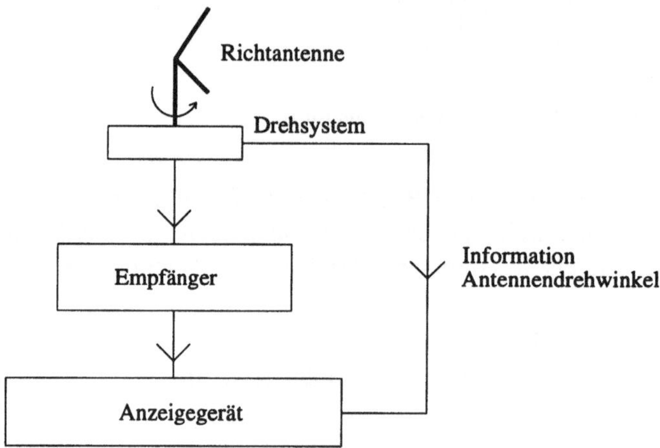

Bild 3.22: Prinzipielle Anordnung zum Peilen mit einer Richtantenne

Als Richtantennen werden verwendet:

- logarithmisch periodische Antennen
- Yagi-Antennen
- Spiralantennen
- Spiegelantennen (Flächenstrahler).

Die Richtantenne kann innerhalb der 3 dB-Keulenbreite EM-Wellen voneinander trennen (s. Abschnitt 4.2 und 4.4).

3.9 Mehrwellenpeilung

Herkömmliche Peilverfahren sind in der Regel nicht in der Lage, ein kohärentes Funkfeld in Komponenten nach Azimut und Elevation aufzulösen.

Ein optimales Konzept für die Interferenzanalyse bietet dagegen die Apertur-Sampling-Methode, bei der aufgrund des Abtasttheorems das Interferenzfeld durch Aufstellung von Antennensonden abgefragt wird. Bei geeigneter Antennenanordnung wird bei diesem Verfahren die volle Information erfaßt und in Rechenanlagen mit wirksamen Algorithmen einer Analyse unterworfen [55, 56, 57, 58].

Bei der Untersuchung eines kohärenten Interferenzfeldes (Abschnitt 3.5.2 bis 3.5.6) wurde z.B. festgestellt, daß die Vorgänge nicht stationär ablaufen, sondern Raum-/ Zeitprobleme vorliegen:

Rauminformationen können gegen Zeitinformationen und umgekehrt ausgetauscht werden [59,60].

3.10 Ortung mit Funkpeilern

3.10.1 Fehlerbetrachtung des gemessenen Azimuts

In der Funkpeiltechnik wird der Peilfehler f (in Analogie zur klassischen Schiffsnavigation mit Kompaß) allgemein wie folgt definiert:

$$f = \alpha_W - \alpha' \tag{3.129}$$

mit

α_W = wahrer Azimut

α' = gemessener Azimut (Peilwert).

Bei Bodenwellenausbreitung (ohne Küsten- und Dämmerungsgrenzeffekt), Raumwellenausbreitung (ohne Großkreisabweichungen durch den Ionosphärenzustand), troposphärischer Wellenausbreitung (ohne Inhomogenitätsstreuung) und ohne Rückstrahler am Peilort gilt in guter Näherung:

$$\alpha_W = \alpha_B = \alpha_R = \alpha_T \tag{3.130}$$

mit

α_B = Azimut der Bodenwelle

α_R = Azimut der Raumwelle

α_T = Azimut der troposphärischen Wellenausbreitung.

Ist die Bedingung (3.130) nicht erfüllt, d.h.

$$\alpha_W \neq \alpha_B \neq \alpha_R \neq \alpha_T\,, \tag{3.131}$$

so liegen physikalische systematische Fehler vor, die im Gegensatz zu systematischen Gerätefehlern weder erkannt noch kompensiert werden können. Auch Rückstrahlfelder am Peilort können durch Funkbeschickung als systematische Fehler nur teilweise erkannt und kompensiert werden.

Die oben angeführten systematischen Fehler schließen wir bei allen weiteren Betrachtungen aus.

Zufällige oder statistische Peilfehler entstehen durch Einwirkung einer Vielzahl von unkontrollierbaren Störeinflüssen beim Peilvorgang und unterliegen in der Regel der Gaußschen Normalverteilung $p(\alpha')$ [61]:

$$p(\alpha') = \frac{1}{\sqrt{2\pi}\,\sigma(\alpha')} \exp\left[-\frac{1}{2}\left(\frac{\mu(\alpha') - \alpha'}{\sigma(\alpha')}\right)^2\right] \tag{3.132}$$

mit

$\mu(\alpha')$ = Mittelwert oder Erwartungswert des Peilwertes

$\sigma(\alpha')$ = Standardabweichung des Peilwertes

$\sigma^2(\alpha')$ = Varianz (Streuung) des Peilwertes .

Der arithmetische Mittelwert des gemessenen Azimuts $\overline{\alpha}'$ beträgt:

$$\overline{\alpha}' = \frac{1}{n} \cdot \sum_{i=1}^{n} \alpha_i' \tag{3.133}$$

mit

$i = 1,2...n$ = Zahl der Messungen.

Ein mögliches Genauigkeitsmaß für die einzelnen Messungen α_i' ist der durchschnittliche Peilfehler:

$$d(\alpha') = \frac{1}{n} \cdot \sum_{i=1}^{n} |f_i'| \tag{3.134}$$

mit

$f_i' = \overline{\alpha}' - \alpha_i'$ = scheinbarer Peilfehler der Einzelmessung.

Ein besseres und in der Funkpeiltechnik verwendetes Genauigkeitsmaß liefert der sogenannte mittlere Peilfehler $m(\alpha')$ der Einzelmessung:

$$m(\alpha') = \sqrt{\frac{\sum_{i=1}^{n} (f_i')^2}{n-1}} \; . \tag{3.135}$$

Der mittlere Fehler des Mittelwertes $\overline{\alpha}'$ beträgt:

$$\Delta(\alpha') = \frac{m(\alpha')}{\sqrt{n}} \; . \tag{3.136}$$

Der gemessene Wert α' (mit Fehlerbehaftung) kann somit in folgenden Formen angegeben werden:

$$\alpha' = \overline{\alpha}' \pm d(\alpha') \tag{3.137}$$

$$\alpha' = \overline{\alpha}' \pm m(\alpha') \tag{3.138}$$

$$\alpha' = \overline{\alpha}' \pm (\Delta\alpha') \; . \tag{3.139}$$

Für $n >> 1$ gilt:

$$\mu(\alpha') \approx \overline{\alpha}' \tag{3.140}$$

$$\sigma(\alpha') \approx m(\alpha') \ . \tag{3.141}$$

Peilgüte:

Die Peilgüte beschreibt die Zuverlässigkeit eines Peilwertes mit Hilfe eines beliebig vereinbarten Bewertungsschlüssels (Tabelle 3.1).

Tabelle 3.1: Peilgüte mit Bewertung

Peilgüte	Peilfehler $m(\alpha')$	Bewertung
0	$\leq 1°$	sehr gut
1	1°...2°	gut
2	2°...5°	ziemlich gut bis ausreichend
3	5°...10°	ausreichend bis schlecht
4	> 10°	in der Regel unbrauchbar

Aufgabe 3.3:

Im Zeitraum von 1 Minute wurden 10 Peilwerte gemessen:

α_i = 184°, 180°, 187°, 180°,178°, 183°,178°, 183°,179°, 180°
(i = 1 ... 10).

Geben Sie an:

1) den zeitlichen Mittelwert des Peilwertes,

2) den durchschnittlichen Fehler,

3) die Standardabweichung mit Peilgüte,

4) den mittleren Fehler des Mittelwertes,

5) die unterschiedlichen Arten des Peilwertes mit Fehlern.

Ergebnisse:

1) $\overline{\alpha}' = 181°$

2) $d(\alpha') = 2{,}2°$

3) $\sigma(\alpha') \approx m(\alpha') = 2{,}9°$, *Peilgüte 2*

4) $\Delta(\alpha') = 0{,}9°$

5) $\alpha' = \overline{\alpha}' \pm d(\alpha') = 181° \pm 2{,}2°$,
$\alpha' = \overline{\alpha}' \pm \sigma(\alpha') = 181° \pm 2{,}9°$,
$\alpha' = \overline{\alpha}' \pm \Delta(\alpha') = 181° \pm 0{,}9°$

3.10.2 Ortung mit einem Funkpeiler

Für die Ortung eines Senders bei Raumwelleneinfall kann man in grober Näherung mit einem einzigen Peiler auskommen, wenn es damit möglich ist, sowohl den Azimut α_R' als auch die Elevation β zu messen (Doppler-/Interferometerpeiler). Man bezeichnet diese Art der Ortsbestimmung als Single Station Location (SSL).

Die Entfernung D des zu peilenden Senders (Bild 2.10) vom Ort des Peilers beträgt (ohne Berücksichtigung der Erdkrümmung):

$$D = 2\,H \cot(\beta) \tag{3.142}$$

mit

H = scheinbare Höhe des Reflexionspunktes einer Ionosphärenschicht.

3.10.3 Ortung mit zwei Funkpeilern

Im Abschnitt 3.10.2 wurden die physikalischen Grenzen der Ortung eines Senders mit einem Peiler erläutert.

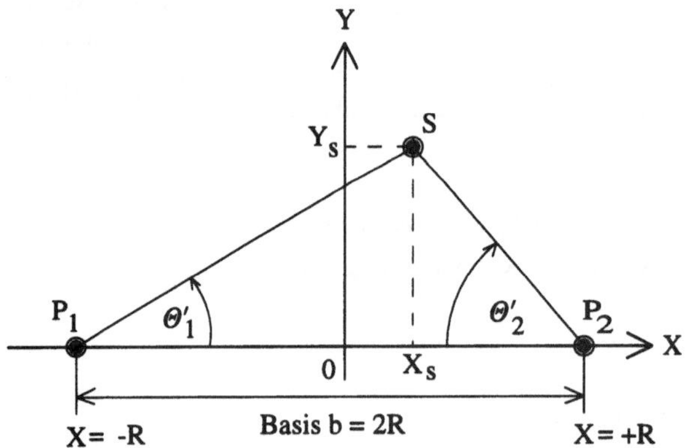

Bild 3.23: Schnittpunktverfahren (Winkelmessung) mit zwei Peilern

Es sind mindestens zwei Peiler auf der Basis b (Bild 3.23) erforderlich, um mit Hilfe des Schnittpunktverfahrens durch Winkelmessung (Triangulation) die Ortsbestimmung eines Senders zu ermöglichen.

Die gemessenen Winkel $\alpha'_{1,2}$ können in Basiswinkel $\Theta'_{1,2}$ umgerechnet werden.

Aus Bild 3.23 ergeben sich in allgemeiner Form folgende Standortkoordinaten des Senders:

$$X_S = \frac{R\left[\tan(\Theta'_2) - \tan(\Theta'_1)\right]}{\tan(\Theta'_1) + \tan(\Theta'_2)} = \frac{R \sin(\Theta'_2 - \Theta'_1)}{\sin(\Theta'_1 - \Theta'_2)} \tag{3.143}$$

$$Y_S = (R + X_S)\tan(\Theta_1') = (R - X_S)\tan(\Theta_2')\,. \tag{3.144}$$

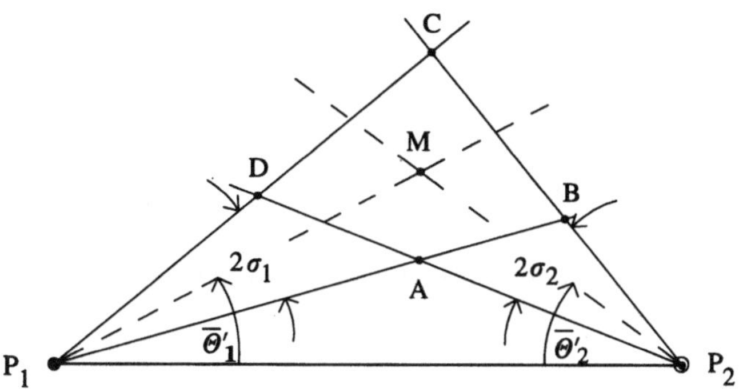

Bild 3.24: Fehlerviereck

Unter Berücksichtigung der Standardabweichungen $\sigma_{1,2}$ (s. Gl.(3.138 und 3.141)) der Peiler $P_{1,2}$ [62] erhält man ein Fehlerviereck *ABCD* (Bild 3.24).

Die Koordinaten der Eckpunkte des Fehlervierecks und die Koordinaten des Mittelpunkts *M* (Schwerpunkt) lassen sich mit Hilfe der Gleichungen (3.143) und (3.144) berechnen. Dies wird im nachfolgenden Beispiel erläutert.

Aufgabe 3.4:

Die Peilbasis beträgt $b = 2R = 200$ km.

Die Peilwerte (Mittelwerte mit Standardabweichungen) betragen:

für $P_1 \Rightarrow \Theta_1' = 30° \pm 2°$

für $P_2 \Rightarrow \Theta_2' = 60° \pm 2°$.

Berechnen Sie die x,y-Koordinaten der Eckpunkte ABCD und die Koordinaten des Schwerpunktes M.

Ergebnis:

Tabelle 3.2: Berechnung der Standortkoordinaten x_S, y_S von der Aufgabe 3.4; R=100 km, $\Theta'_1 = 30°\pm2°$, $\Theta'_2 = 60°\pm2°$

M	*A*	*B*	*C*	*D*
$\Theta'_1 = 30°$	$\Theta'_1 = 30°-2° = 28°$	$\Theta'_1 = 30°-2° = 28°$	$\Theta'_1 = 30°+2° = 32°$	$\Theta'_1 = 30°+2° = 32°$
$\Theta'_2 = 60°$	$\Theta'_2 = 60°-2° = 58°$	$\Theta'_2 = 60°+2° = 62°$	$\Theta'_2 = 60°+2° = 62°$	$\Theta'_2 = 60°-2° = 58°$
x_{SM}=50 km	x_{SA}=50,1 km	x_{SB}=55,9 km	x_{SC}=50,1 km	x_{SD}=43,8 km
y_{SM}=86,8 km	y_{SA}=79,8 km	y_{SB}=82,9 km	y_{SC}=93,8 km	y_{SD}=89,9 km

Für beliebige Fehlervierecke gilt:

$$x_{SM} = \frac{x_{SA} + x_{SB} + x_{SC} + x_{SD}}{4} \quad (3.145)$$

$$y_{SM} = \frac{y_{SA} + y_{SB} + y_{SC} + y_{SD}}{4} \quad (3.146)$$

Die optimale Ortung mit zwei Peilern wird erreicht, wenn der Sender vom Zentrum 0 (Bild 3.21) den Abstand R hat.

Die Summe der gemessenen Winkel Θ'_1 und Θ'_2 beträgt in diesem Falle $\approx 90°$ (s. Aufgabe 3.4).

Solange alle Entfernungen weniger als 1000 km betragen, können (wegen der Kugelform der Erde) alle Schnittpunkte (Bild 3.24) mit den Methoden der ebenen Geometrie berechnet werden.

3.10.4 Ortung mit *n* Funkpeilern

In einem Funkpeilnetz [63,64] werden zur Standortbestimmung anstelle von zwei Peilern n Peiler mit

$$n = 3, 4, 5... \quad (3.147)$$

verwendet.

Diese können beliebig flächendeckend angeordnet werden. Auch Anordnungen auf einem Kreis oder auf einer Geraden (Bild 3.25) sind möglich.

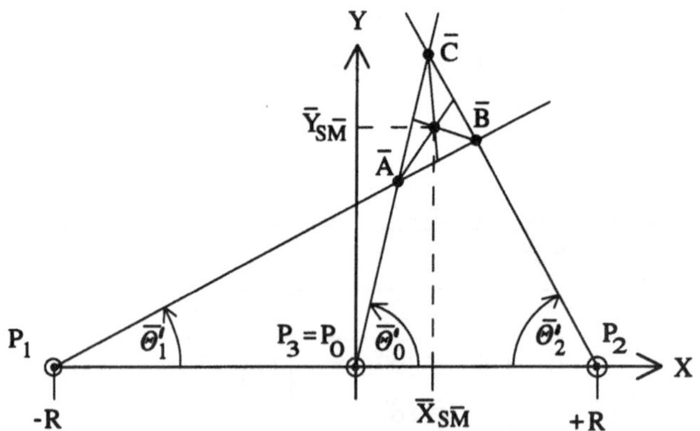

Bild 3.25: Ortung mit drei Peilern auf einer Geraden

Von den Peilern gehen nach Mittelung der Peilwerte ($\overline{\alpha}'_{1-n}$ bzw $\overline{\Theta}'_{1-n}$) n gemittelte Peilstrahlen aus, die sich theoretisch in einem Punkt schneiden müßten.

Die Praxis zeigt, daß dies nicht der Fall ist, sondern in der Regel eine Fehlerfläche mit

$$\binom{n}{2} = \frac{n(n-1)}{1 \cdot 2} \tag{3.148}$$

Ecken entsteht.

Die arithmetischen Mittelwerte der Koordinaten dieser Eckpunkte (Schwerpunktbildung) können zur Ortsangabe eines Senders herangezogen werden.

Von drei Peilern gehen somit drei gemittelte Peilstrahlen aus, die ein gemitteltes Dreieck $\overline{ABC}$ bilden. Der Schnittpunkt der Seitenhalbierenden ist der Schwerpunkt des Dreiecks (gemessener Ort des Senders).

Seine Koordinaten betragen:

$$\overline{x}_{\mathrm{S}\overline{\mathrm{M}}} = \frac{\overline{x}_{\mathrm{S}\overline{\mathrm{A}}} + \overline{x}_{\mathrm{S}\overline{\mathrm{B}}} + \overline{x}_{\mathrm{S}\overline{\mathrm{C}}}}{3} \tag{3.149}$$

$$\overline{y}_{\mathrm{S}\overline{\mathrm{M}}} = \frac{\overline{y}_{\mathrm{S}\overline{\mathrm{A}}} + \overline{y}_{\mathrm{S}\overline{\mathrm{B}}} + \overline{y}_{\mathrm{S}\overline{\mathrm{C}}}}{3} \tag{3.150}$$

4 Radar

4.1 Radarprinzip

Die Bezeichnung RADAR stammt aus dem Englischen und ist die Abkürzung für *Radio Detecting And Ranging.*

Ein Radar dient zur Erfassung, Ortsbestimmung und Feststellung des Bewegungszustandes eines Objektes (Zieles). Der für Radarzwecke benutzte Frequenzbereich erstreckt sich von 5 MHz bis 300 THz. Die Hauptausnutzung beschränkt sich auf 1...30 GHz. Für die einzelnen Radarfrequenzbereiche werden verschiedene Frequenzbandbezeichnungen benutzt (Anhang 7). Unter den Zielkoordinaten (Bild 4.1) versteht man:

α = Azimut

β = Elevation

R_Z = Entfernung

v_Z = Geschwindigkeit

H_Z = Höhe

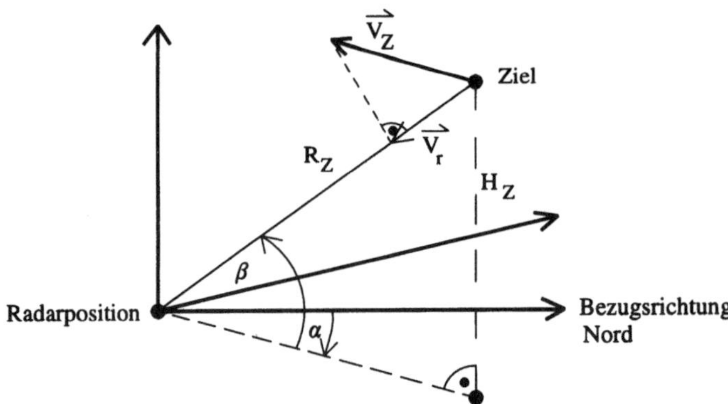

Bild 4.1: Zielkoordinaten

In seinem grundsätzlichen Aufbau besteht ein Radarsystem aus einem Sender und einem Empfänger mit gemeinsamer Antenne (Bild 4.2). Trifft die gebündelt abgestrahlte Energie auf ein Objekt (Ziel), so wird ein kleiner Anteil davon zum Radar hin reflektiert (Echo). Der Empfänger analysiert das Rückstrahlfeld des Objektes im Hinblick auf:

- Zielkoordinaten
- Größe und Struktur
- dielektrische Materialeigenschaften.

Alternativ dazu werden statt einer Antenne auch zwei Antennen, deren gegenseitiger Abstand klein gegenüber der Zielentfernung ist, verwendet. In beiden Fällen spricht man von monostatischen Radars.

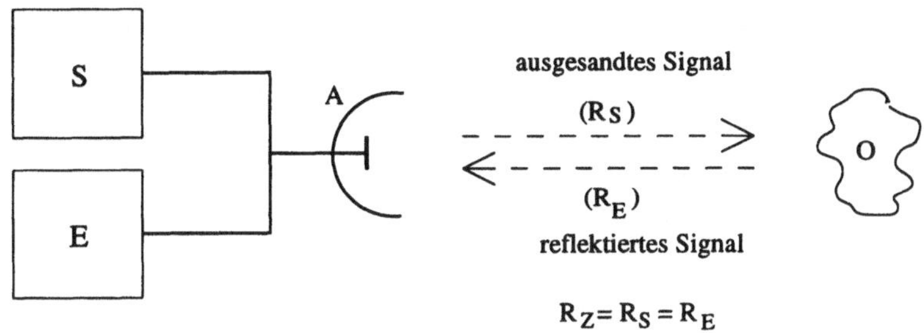

Bild 4.2: Monostatisches Radar (schematisch) mit einer Antenne; *S* = Sender, *E* = Empfänger, *O* = Objekt (Ziel)

Bei einem bistatischen Radar (Bild 4.3) sind Sende- und Empfangseinrichtungen räumlich in großem Abstand getrennt.

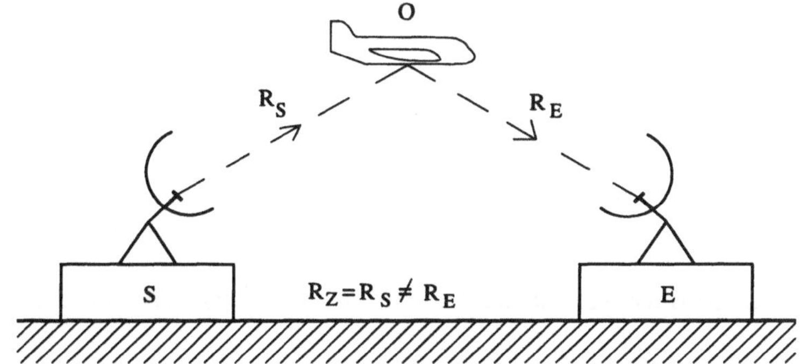

Bild 4.3: Bistatisches Radar (schematisch)

4.2 Grundlegende Radarverfahren

4.2.1 Impulsradar [65]

Das Impulsradar ist das bekannteste und am meisten verwendete Radarverfahren. Beim klassischen Impulsradar werden die beiden Meßgrößen R_Z und α ermittelt. Bild 4.4 zeigt das vereinfachte Blockschaltbild eines Impulsradars.

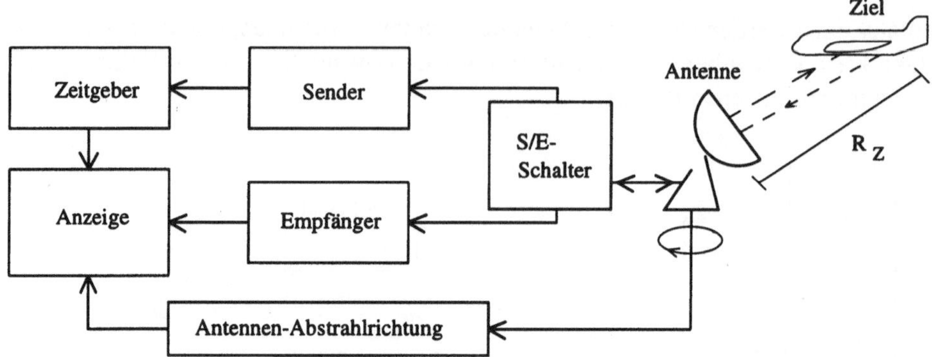

Bild 4.4: Blockschaltbild eines Impulsradars

Über eine Antenne wird beim Senden ein hochfrequentes pulsmoduliertes Signal gerichtet abgestrahlt. Die Pulsmodulation erfolgt durch kurzzeitiges Einschalten des Senders mit Hilfe eines Zeitgebers. Der Zeitgeber bestimmt die Impulsdauer τ_P und die Impulsfolgefrequenz f_P. Wird für den Sende- und Empfangsvorgang nur eine einzige Antenne verwendet (Bild 4.4), so benötigt man einen zusätzlichen S/E-Schalter, der abwechselnd für den Sende- oder Empfangsvorgang benötigt wird. Die gemessene Laufzeit Δt des hin- und rücklaufenden Impulses (Bild 4.2) ergibt die Zielentfernung

$$R_Z = \frac{c \cdot \Delta t}{2} \tag{4.1}$$

mit

c = Lichtgeschwindigkeit.

Tabelle 4.1 gibt einige Beispiele für die Zielentfernung R_Z als Funktion der gemessenen Laufzeit an.

Tabelle 4.1: Laufzeit und Entfernung; 1 nautische Meile (nm) = 1853 m.

Laufzeit Δt	Entfernung R_Z
1 ms	150 km =81 nm
12,35 µs	1852 m = 1 nm (Radarmeile)
1 µs	150 m = 0,081 nm

Die maximale Verfahrensreichweite ($\Delta t = T_P = 1/f_P$) beträgt:

$$R_{Z\max} = \frac{c \cdot T_P}{2} = \frac{c}{2 f_P}. \tag{4.2}$$

Die minimale Verfahrensreichweite ohne Totzeit stellt gleichzeitig das radiale Entfernungsauflösungsvermögen R_Z von Zielen dar. Es gilt:

$$R_{Z\min} = \Delta R_Z = \frac{c \cdot \tau_P}{2}. \tag{4.3}$$

4.2.2 CW-Radar [66]

Beim Dauerstrich- oder CW-Radar wird die Sendeleistung ständig mit der Frequenz f_S abgestrahlt.

Die Zielentfernung kann grundsätzlich aus der Phasendifferenz zwischen Sende- und Empfangssignal mit Hilfe eines Phasendetektors wie folgt bestimmt werden :

$$\Delta\varphi = \varphi_S - \varphi_E = \omega t - \omega(t - \Delta t) = \omega \Delta t = \frac{2\omega \cdot R_Z}{c} = \frac{4\pi R_Z}{\lambda}. \tag{4.4}$$

daraus folgt:

$$R_Z = \frac{\lambda \cdot \Delta\varphi}{4\pi} \tag{4.5}$$

mit

λ = Signalwellenlänge.

Da die Phase eine Periodizität von 2π aufweist, ist die Zielentfernung nur im Bereich

$$\Delta\varphi \leq 2\pi \tag{4.6}$$

eindeutig.

Die maximale Verfahrensreichweite beträgt somit:

$$R_{Z\max} = \frac{\lambda}{2}. \tag{4.7}$$

Beispiel:

$\lambda = 10$ cm ==> $R_{Z\max} = 5$ cm.

Für die Entfernungsmessung von stationären Zielen besitzt das CW-Verfahren (wie das Beispiel zeigt) einen unbedeutenden praktischen Wert, da einerseits bei großen Wellenlängen aus Abmessungsgründen keine nennenswerten Antennenrichtwirkungen mehr realisierbar sind, und andererseits extrem kurze Reichweiten selten gefordert werden.

Ist die Zielentfernung R_Z nicht konstant, sondern bewegt sich das Ziel mit einer Radialgeschwindigkeit v_r zum Radar hin oder vom Radar weg (Bild 4.5), dann wird R_Z durch folgende Zeitfunktion beschrieben:

$$R_Z(t) = R_Z(0) \pm v_r t \tag{4.8}$$

mit

$R_Z(0)$ = Zielentfernung für $t = 0$

(+) bedeutet, daß sich das Ziel vom Radar weg bewegt

(–) bedeutet, daß sich das Ziel zum Radar hin bewegt.

Setzt man die Beziehung (4.8) in die Gleichung (4.4) ein, so beträgt:

$$\Delta\varphi(t) = \frac{4\pi[R_Z(0) \pm v_r t]}{\lambda} . \qquad (4.9)$$

Die Zeitfunktion $\Delta\varphi(t)$ hat eine Frequenzverschiebung zwischen Sende- und Empfangssignal zur Folge (Dopplereffekt). Die Dopplerfrequenz beträgt nach Gl.(4.4) und Gl.(4.8):

$$f_D = -\frac{\Delta\dot{\varphi}(t)}{2\pi} = \frac{1}{2\pi} \cdot \frac{4\pi \cdot \dot{R}_Z}{\lambda} = \mp\frac{2v_r}{\lambda} . \qquad (4.10)$$

Die Messung der Dopplerfrequenz kann zur Bestimmung der Radialgeschwindigkeit ausgenutzt werden. Sie ist unabhängig von der Zielentfernung.

Bild 4.5 zeigt das vereinfachte Blockschaltbild eines CW-Dopplerradars.

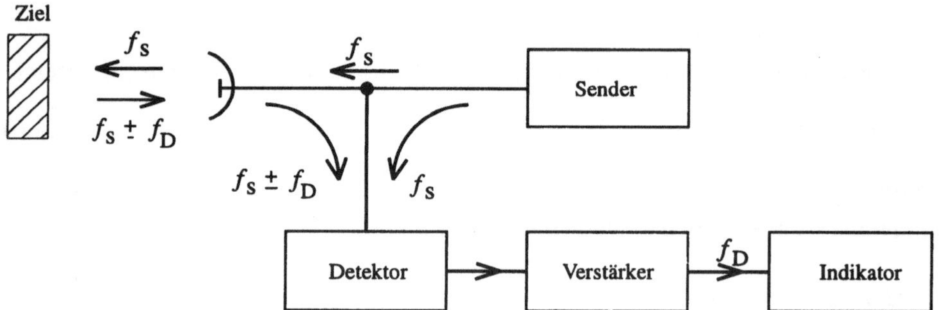

Bild 4.5: Blockschaltbild eines CW-Dopplerradars

Zwischen der tatsächlichen Zielgeschwindigkeit v_Z und der Radialgeschwindigkeit v_r besteht der Zusammenhang (Bild 4.6):

$$v_r = v_Z \cos(\gamma) \qquad (4.11)$$

mit

γ = Winkel zwischen der Zielbewegungsrichtung und der Richtung Ziel/Radar.

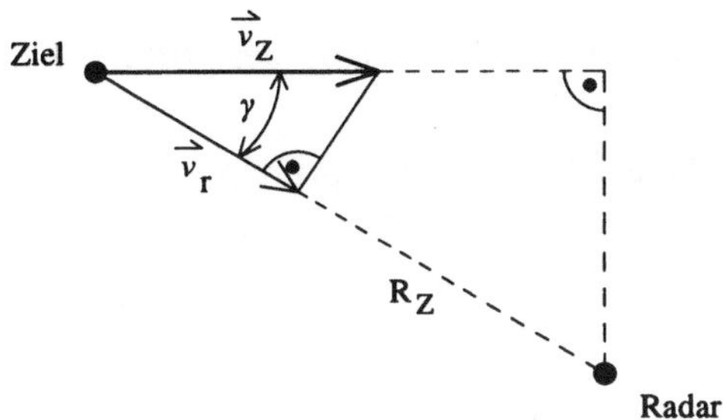

Bild 4.6: Zielgeometrie

Tabelle 4.2 beschreibt die Dopplerfrequenz als Funktion der Signalwellenlänge und der Radialgeschwindigkeit.

Tabelle 4.2: Dopplerfrequenz f_D in Abhängigkeit von der Signalwellenlänge (Signalfrequenz f) und der Radialgeschwindigkeit v_r

λ (in cm)	f (in GHz)	v_r (in km/h)	f_D (in Hz)
		(Fußgänger)	
1	30	5	278
3	10	5	93
10	3	5	28
30	1	5	9,3
		(KFZ/Schiff)	
1	30	50	2778
3	10	50	926
10	3	50	278
30	1	50	93
		(Kampfflugzeug)	
1	30	1000	55556
3	10	1000	18518
10	3	1000	5556
30	1	1000	1852

4.2.3 FM/CW-Radar [67]

Soll mit einem CW-Radar eine brauchbare Entfernungsmessung von stationären Zielen ermöglicht werden, so wird der HF-Träger des Senders frequenzmoduliert. Die Frequenzmodulation kann hierbei sinus-, dreieck- oder sägezahnförmig sein. Die

Gewinnung der Zielentfernung erfolgt durch Messung der Differenz zwischen Sende- und Empfangsfrequenz.

Bild 4.7 zeigt im Blockschaltbild das FM/CW-Radarprinzip.

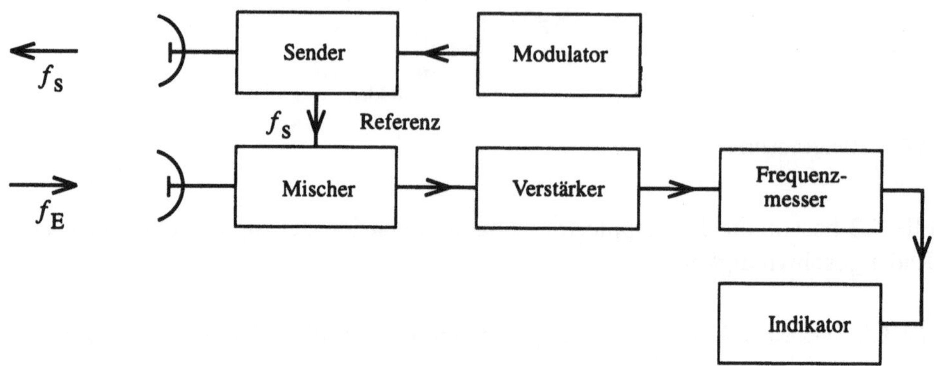

Bild 4.7: Blockschaltbild eines FM/CW-Radars

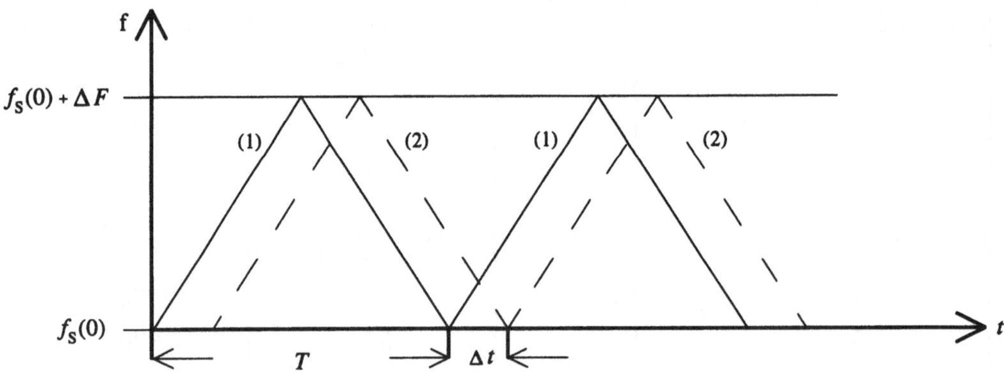

Bild 4.8: FM/CW-Radarentfernungsmessung mit linearer dreieckförmiger Frequenzmodulation; (1) = Sendefrequenz $f_S(t)$, (2) = Empfangsfrequenz $f_E(t)$

Nach Bild 4.8 beträgt:

$$f_S(t) - f_E(t) = \frac{2\Delta F}{T} \cdot \Delta t \tag{4.12}$$

mit

T = Periodendauer des Modulationssignals

ΔF = Frequenzhub

$\Delta t = 2R_Z/c$ = Laufzeit (siehe Gl. (4.1)).

$$R_Z = \frac{c \cdot T \left| f_S(t) - f_E(t) \right|}{4 \Delta F} \quad . \tag{4.13}$$

Für eindeutige Entfernungsmessungen muß

$$\Delta t \leq \frac{T}{2} \tag{4.14}$$

sein. Die maximale Verfahrensreichweite beträgt:

$$R_{Z\max} = \frac{c \cdot T}{4} \quad . \tag{4.15}$$

4.2.4 Sekundärradar

Die bisher beschriebenen Verfahren werden *Primärradar* genannt. Mit ihnen werden Echosignale von passiven Radarzielen ausgewertet. Das Sekundärradarverfahren ist ein Impulsradarverfahren, welches zur Identifizierung aktiver Rückstrahler benutzt wird. Die wichtigste Anwendung findet das Sekundärradar in der Flugsicherung (Abschnitt 4.6.1). Im militärischen Bereich wird es zur „Freund-Feind-Kennung" eingesetzt.

4.3 Antennen

In der Radartechnik werden überwiegend Parabolausschnitte und Schlitzantennen mit rechteckförmiger Apertur (Strahlingsfläche) und Parabolspiegel mit kreisförmiger Apertur verwendet [68].

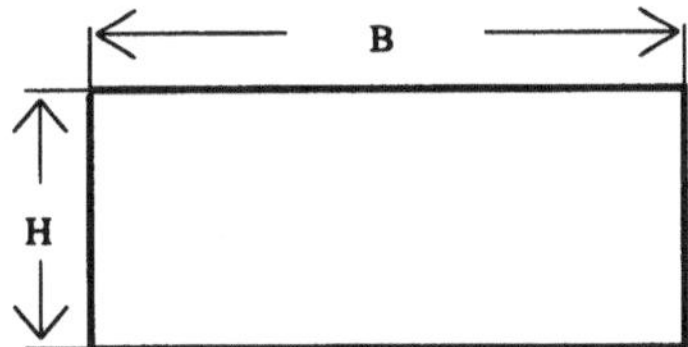

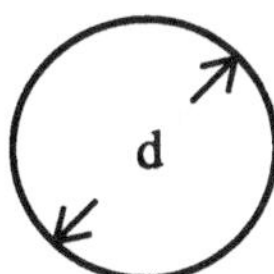

Bild 4.9: Aperturformen von Radarantennen

Nachfolgend werden Näherungsgleichungen zur Berechnung von Gewinn und Halbwertsbreiten (3 dB-Keulenbreiten) von Richtantennen der Aperturformen in Bild 4.9 entwickelt. Die wirksame effektive Antennenfläche A_{Weff} eines Flächenstrahlers beträgt:

$$A_{\mathrm{Weff}} = \eta \cdot q \cdot A \tag{4.16}$$

mit

η = Antennenwirkungsgrad
$q \leq 1$ = Flächenausnutzungsfaktor
A = Aperturfläche (Stirnfläche).

Der Gewinn (bezogen auf den Kugelstrahler) beträgt:

$$G = \frac{4\pi \cdot A_{Weff}}{\lambda^2} \;. \qquad (4.17)$$

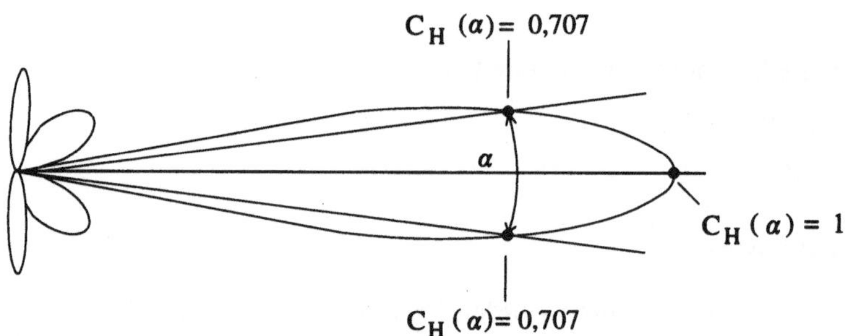

Bild 4.10: Richtcharakteristik $C_H(\alpha)$ in der Azimuthauptebene

Für $\eta = 1$ ist der Gewinn identisch mit dem Richtfaktor D.
Es gilt somit die Beziehung:

$$G = D = \frac{4\pi q \cdot A}{\lambda^2} \;. \qquad (4.18)$$

Der Gewinn der in Bild 4.9 angegebenen Aperturformen kann demnach wie folgt bestimmt werden:

$$G = D = \frac{4\pi q \cdot BH}{\lambda^2} \qquad (4.19)$$

(rechteckige Apertur)

$$G = D = q \cdot \left(\frac{\pi d}{\lambda}\right)^2 \qquad (4.20)$$

(kreisförmige Apertur).

In der Praxis verwendet man vielfach für den Flächenausnutzungsfaktor den Wert

$$q = 0{,}67.$$

Die Näherungsformel zur Berechnung des Gewinns bzw. des Richtfaktors lautet (Anhang A.5.2):

$$G = D = \frac{4\pi}{\Delta\alpha \cdot \Delta\beta} \qquad (4.21)$$

mit $\Delta\alpha$ = 3 dB-Keulenbreite in der Azimuthauptebene (Bild 4.10)
$\Delta\beta$ = 3 dB-Keulenbreite in der Elevationshauptebene.

Vergleicht man die Beziehungen (4.19) und (4.20) mit der Näherungsgleichung (4.21), so ergeben sich folgende Ausdrücke:

$$\Delta\alpha \approx \frac{1}{\sqrt{q}} \cdot \frac{\lambda}{B} \tag{4.22a}$$

$$\Delta\beta \approx \frac{1}{\sqrt{q}} \cdot \frac{\lambda}{H} \tag{4.23a}$$

$$\Delta\varphi \approx \frac{2}{\sqrt{\pi q}} \cdot \frac{\lambda}{d} = \frac{1{,}13}{\sqrt{q}} \cdot \frac{\lambda}{d} \tag{4.24a}$$

mit

$\Delta\varphi$ = 3 dB-Öffnungswinkel einer kreisförmigen Apertur.

Diese drei Beziehungen mit q = 0,67 lauten, in Grad ausgedrückt:

$$\Delta\alpha \approx 70° \cdot \frac{\lambda}{B} \tag{4.22b}$$

$$\Delta\beta \approx 70° \cdot \frac{\lambda}{H} \tag{4.23b}$$

$$\Delta\varphi \approx 79° \cdot \frac{\lambda}{d} \ . \tag{4.24b}$$

Aufgabe 4.1

Eine Schiffsradarantenne (λ = 3 cm) hat die Abmessungen B = 90 cm und H = 10 cm. Geben Sie die Halbwertsbreiten in Grad und den Gewinn in dB an (q = 0,67, η = 1).

Lösung: $\Delta\alpha \approx 2{,}3°, \Delta\beta \approx 21°$, G/dB = 28.

4.4 Radargleichung

4.4.1 Allgemeine Herleitung[69]

Die Radargleichung beschreibt den Zusammenhang zwischen Sende- und Empfangsleistung einer Radaranlage.

Wird die Sendeleistung P_S über eine Antenne mit dem Gewinn G_S in der Hauptrichtung abgestrahlt, so beträgt die Leistungsdichte S_Z im Abstand R_Z ohne Berücksichtigung der Dämpfung am Ziel (Bild 4.2 und Bild 4.3):

$$\overline{S}_Z = \frac{P_S}{4\pi R_Z^{\,2}} \cdot G_S \ . \tag{4.25}$$

Die reflektierte Leistung P_r beträgt:

$$P_r = \sigma_R \cdot \overline{S}_Z \tag{4.26}$$

mit

σ_R = Radarrückstrahlfläche (s. Abschnitt 4.4.2).

Gelangt die reflektierte Leistung zu einer Empfangsantenne im Abstand R_E (Bild 4.3), dann ist die Leistungsdichte am Empfänger:

$$\overline{S}_{ZE} = \frac{P_S \cdot G_S \cdot \sigma_R}{(4\pi)^2 \cdot R_Z^2 \cdot R_E^3} \ . \tag{4.27}$$

Die effektive Wirkfläche der Empfangsantenne beträgt:

$$A_{WEeff} = \frac{G_E \cdot \lambda^2}{4\pi} \tag{4.28}$$

mit

G_E = Gewinn der Empfangsantenne.

Für Mono- und bistatische Radars ergeben sich unter Berücksichtigung der Gesamtverluste L_{ges} (s. Abschnitt 4.4.3) folgende resultierende Empfangsleistungen P_E:

$$P_E = \overline{S}_{ZE} \cdot A_{WEeff} = \frac{P_S \cdot G_S \cdot G_E \cdot \lambda^2 \cdot \sigma_R}{(4\pi)^3 \cdot R_Z^4 \cdot L_{ges}} \tag{4.29}$$

(monostatisches Radar, $R_Z = R_E$)

$$P_E = \overline{S}_{ZE} \cdot A_{WEeff} = \frac{P_S \cdot G_S \cdot G_E \cdot \lambda^2 \cdot \sigma_R}{(4\pi)^3 \cdot R_Z^2 \cdot R_E^2 \cdot L_{ges}} \ . \tag{4.30}$$

(bistatisches Radar, $R_Z \neq R_E$).

Die maximale Reichweite R'_{Zmax} eines monostatischen Radarempfängers ist gemäß Gl. (4.29) somit für $G_S = G_E = G$ durch seine minimal detektierbare Leistung $P_{E\,min}$ gegeben:

$$R'_{Z\,max} = \left[\frac{P_S \cdot G^2 \cdot \lambda^2 \cdot \sigma_R}{(4\pi)^3 \cdot P_{E\,min} \cdot L_{ges}} \right]^{\frac{1}{4}} \tag{4.31}$$

Die Rauschleistung P_N eines Impulsradars beträgt:

$$P_N = k \cdot T_{eff} \cdot B \tag{4.32}$$

mit

$k = 1{,}38 \cdot 10^{-23}$ Ws/K = Boltzmann-Konstante

T_{eff} = Rauschtemperatur des Empfängers

$B = 1/\tau_P$ = Bandbreite des Empfängers

τ_P = Impulsdauer.

Mit der Rauschleistung P_N läßt sich die Kenngröße

$$\left(\frac{S}{N}\right)_{min} = \frac{P_{E\,min}}{P_N} \tag{4.33}$$

angeben.

Für $(S/N)_{min} = 1$ bezeichnet man die maximale Reichweite als Grenzreichweite $R'_{Z\,grenz}$.

Beispiel 4.2:

Es soll die Grenzreichweite gegen ein Ziel ($\delta_R = 5\ m^2$) mit dem ASR Radar SRE-A5 (AEG-Telefunken) ermittelt werden. Einige Daten des Geräts:

λ = 10 cm

P_S = 500 kW

G = 32,5 dB

f_P = 1100 Hz

τ_P = 1 µs

T_{eff} = 456 K

L_{ges} = 18,8 dB

Lösung:

$$R'_{Z\,grenz} = \left[\frac{P_S \cdot G^2 \cdot \lambda^2 \cdot \sigma_R \cdot \tau_P}{(4\pi)^3 \cdot k \cdot T_{eff} \cdot L_{ges}}\right]^{\frac{1}{4}} = 95{,}6\,\text{km}. \tag{4.34}$$

Nach der Gl. (4.2) beträgt die maximale Verfahrensreichweite:

$R_{Z\,max} = 136$ km.

Nachfolgend werden die Parameter der Radargleichung *Radarrückstrahlfläche* und *Gesamtverluste* erläutert.

4.4.2 Radarrückstrahlfläche σ_R

Die Radarrückstrahlfläche beschreibt das Reflexionsverhalten und kann aus den Radargleichungen (4.29) und (4.30) bestimmt werden. Befinden sich der Sender und der Empfänger am gleichen Ort, so spricht man von einer monostatischen Rückstrahlfläche, sonst von einer bistatischen Streufläche. Die Rückstrahlfläche ist abhängig von:

- der Form (Abmessungen) des Zieles
- der Frequenz/der Polarisation
- dem Aspektwinkel des Zieles zum Radar
- den dielektrischen-/magnetischen Materialeigenschaften des Zieles.

In der Tabelle 4.3 werden Rückstrahlflächen von einfachen metallischen Körpern (Abmessungen >> λ) mit zum Radar hingewendeter Oberfläche angegeben.

Tabelle 4.3: Monostatische Rückstrahlflächen einfacher metallischer Körper (Abmessungen >> λ) [70].

Reflektortyp	Abmessungen	σ_R	Prop. zu
Kugel	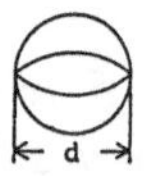 d	$\frac{\pi d^2}{4}$	
Zylinder	 d, l	$\left(\frac{\pi d}{\lambda}\right) \cdot l^2$	λ^{-1}
Planspiegel	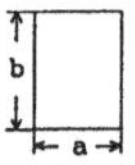 a, b	$4\pi \cdot \left(\frac{a \cdot b}{\lambda}\right)^2$	λ^{-2}
Zweieckenreflektor	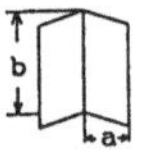 a, b	$8\pi \cdot \left(\frac{a \cdot b}{\lambda}\right)^2$	λ^{-2}
Tripel-Spiegel dreieckige Wände	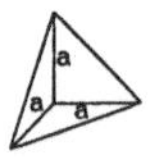 a, a, a	$\frac{4}{3}\pi \cdot \left(\frac{a^2}{\lambda}\right)^2$	λ^{-2}
Tripel-Spiegel quadratische Wände	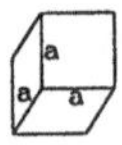 a, a, a	$12\pi \cdot \left(\frac{a^2}{\lambda}\right)^2$	λ^{-2}
Tripel-Spiegel kreissektor Wände	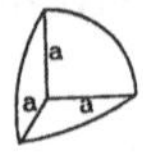 a, a, a	$\frac{16\pi}{3} \cdot \left(\frac{a^2}{\lambda}\right)^2$	λ^{-2}

Komplexe Zielstrukturen können in einfache Körper (Tabelle 4.3) zerlegt werden. Die Reflexionen an den Einzelkörpern werden danach phasenrichtig zum gesamten Rückstrahlsignal aufaddiert. Bild (4.11) zeigt das Rückstrahldiagramm eines zweimotorigen Flugzeuges bei einer Wellenlänge $\lambda = 10$ cm [71].

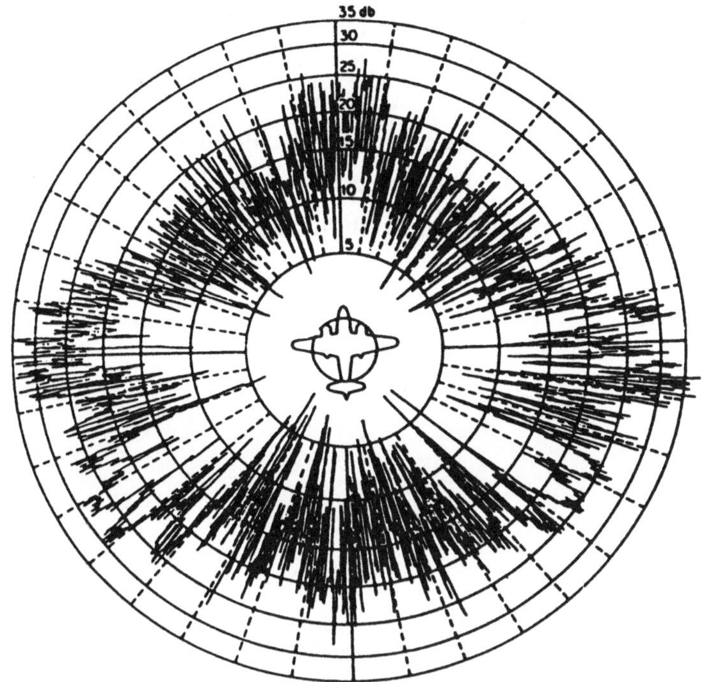

Bild 4.11: Rückstrahldiagramm eines Flugzeuges

Vielfach werden Rückstrahldiagramme von Flug- und Schiffsobjekten im verkleinerten Mikrowellenmodell [72]:

$$\frac{l}{\lambda} = \frac{l_M}{\lambda_M} \tag{4.35}$$

mit

l = lineare Orginalabmessungen

λ = Orginalwellenlänge

l_M = lineare Modellabmessungen

λ_M = Modellwellenlänge.

aufgenommen.

Durch Verkleidung oder Präparierung der Oberfläche eines Radarobjektes mit einem dielektrisch/magnetisch verlustbehafteten Material kann dessen Rückstrahlfläche $\sigma_R(\underline{\varepsilon}_r, \underline{\mu}_r)$ bei Grenzflächenreflexion vermindert werden.

Es gilt in guter Näherung die halbempirische Beziehung:

$$\sigma_R(\underline{\varepsilon}_r,\underline{\mu}_r)=\left|\frac{\sqrt{\frac{\underline{\mu}_r}{\underline{\varepsilon}_r}}-1}{\sqrt{\frac{\underline{\mu}_r}{\underline{\varepsilon}_r}}+1}\right|^2\cdot\sigma_R \tag{4.36}$$

mit den frequenzabhängigen Materialwerten der Abschirmung:

$\underline{\varepsilon}_r=\varepsilon_r'-j\,\varepsilon_r''$ = **komplexe Dielektrizitätszahl**

$\underline{\mu}_r=\mu_r'-j\,\mu_r''$ = **komplexe Permeabilitätszahl**.

Eine Radartarnung

$$\sigma_R(\underline{\varepsilon}_r,\underline{\mu}_r)=0 \tag{4.37}$$

wird bei

$$\underline{\varepsilon}_r=\underline{\mu}_r \tag{4.38}$$

erreicht.

4.4.3 Gesamtverluste L_{ges}

Die Gesamtverluste sind dimensionslos und werden durch Produktbildung der Teilverluste erfaßt:

$$L_{ges}=L_{sys}\cdot L_F\cdot L_{Atm} \tag{4.39}$$

mit

L_{sys} = Systemverluste

L_F = Fluktuationsverluste

L_{Atm} = atmosphärische Verluste.

Systemverluste L_{sys}

In L_{sys} sind alle geräteinternen Dämpfungsverluste, Verluste durch Signalverarbeitung, Antennenabtastverluste usw. zusammengefaßt.

Fluktuationsverluste L_F

Da sich das Rückstrahldiagramm (z.B. eines Flugzeuges (Bild 4.11)) durch Überlagerung der Beiträge vieler einzelner Streuzentren ergibt, und deren Lage ständig durch die Bewegung des Objekts variiert, kann eine Aspektwinkeländerung von einigen zehntel Grad bereits erhebliche Schwankungen der Radarrückstrahlfläche zur Folge haben. Die Echoamplituden aufeinander folgender Impulse sind dadurch starken Abweichungen vom Mittelwert unterworfen. In der Radartechnik ordnet man jedem komplexen Ziel eine empirisch bestimmte mittlere Rückstrahlfläche zu und faßt die Echoschwankungen in den sogenannten Fluktionsverlusten (Swerling-Verluste) zusammen [73].

Atmosphärische Verluste L_{Atm}

In L_{Atm} sind alle atmosphärischen Dämpfungsverluste auf dem Ausbreitungsweg zum Ziel und zurück zusammengefaßt. Sie bestehen aus einer atmosphärischen Grunddämpfung L_{A} sowie einer stark wetterabhängigen Zusatzdämpfung L_{W} durch Nebel oder Regen. Alle Dämpfungseinflüsse sind frequenzabhängig.

Im Gegensatz zu den Schwächungsfaktoren F (s. Kapitel 2) sind die Verluste $L = 1/F^4$ in der Radargleichung alle größer als 1.

4.5 Radar mit Impulskompression

Für eine gute Entfernungsauflösung eines Radars im Pulsbetrieb werden Impulse mit kleiner Breite benötigt (s. Gl. (4.3)). Andererseits erfordert eine große Grenzreichweite Impulse mit großer Breite [s. Gl. (4.34)].

Mit dem Verfahren der Impulskompression werden die beiden gegenläufigen Forderungen gleichzeitig erfüllt [74].

Bei Radaranlagen mit Pulskompression werden lange Impulse des Senders mit τ_{pS} abgestrahlt und die Echoimpulse im Empfänger zu τ_{pE} komprimiert.

Das erzielte Kompressionsverhältnis K beträgt:

$$K = \frac{\tau_{\mathrm{pS}}}{\tau_{\mathrm{pE}}} = 10 \ldots 200 \,. \tag{4.40}$$

4.6 Ausgewählte Themen der Radaranwendungen

Die Radartechnik findet ihre Anwendung im zivilen und militärischen Bereich. Die Entwicklung neuer Radarverfahren ist immer von militärischen Erfordernissen stark beeinflußt worden. Aber auch im zivilen Bereich nehmen die Radarentwicklungen ständig zu. Es sind hier insbesondere zu nennen:

- Luftverkehr
- Erstellung von Landkarten
- Schiffsverkehr
- Straßen- und Schienenverkehr.

4.6.1 Radarrundsichtanlagen der Luftfahrt

Zu den Radarrundsichtanlagen gehören die Impulsverfahren [75]:

- Mittelbereichs-/Streckenrundsichtradar RSR (*Route Surveillance Radar*), Frequenz 1 ... 2 GHz
- Flughafen-Rundsichtradar ASR (*Airport Surveillance Radar*), Frequenz 2 ... 4 GHz
- Flughafen-Rollfeldkontrollradar ASDER (*Airport Surface Detection Equipment Radar*), Frequenz 20 . . . 37 GHz.

Die Hauptkomponenten eines Rundsichtradars sind:

- Sender
- Drehantenne mit scharfer horizontaler Bündelung ($\Delta\alpha$ = 1° ... 2°) und cosec^2-Abtastung* im Elevationsbereich (0° < β < 35°)
- Empfänger
- Anzeige.

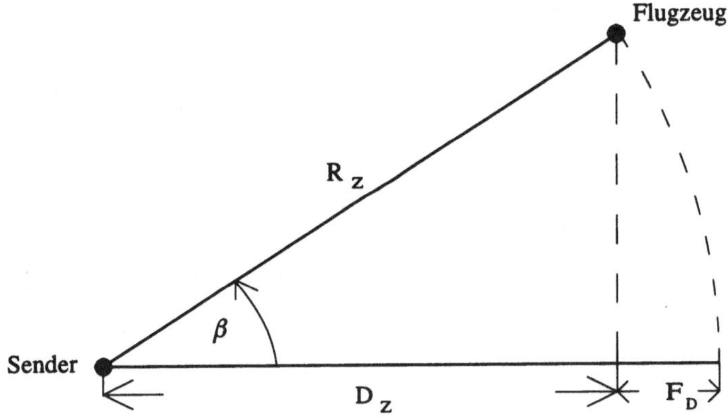

Bild 4.12: Zusammenhang zwischen Schräg- und Horizontalzielentfernung: $D_Z = R_Z \cdot \cos(\beta)$

Die Richtcharakteristik C der Drehantenne kann folgendermaßen angegeben werden:

$$C(\alpha,\beta) = C_H(\alpha-\delta)\cdot C_V(\beta) \tag{4.41}$$

mit

δ – horizontaler Drehwinkel, bezogen auf Nord
$C_H(\alpha-\delta)$ – horizontale Richtcharakteristik der Drehantenne
$C_V(\beta)$ – vertikale Richtcharakteristik der Drehantenne.

* In der Radartechnik wird die mathematisch veraltete Beziehung cosec(x) = 1/sin(x) verwendet.

Gemäß Gl. (4.25) und Bild 4.12 beträgt die Leistungsdichte der Strahlung $\overline{S}_Z$ am Zielort:

$$\overline{S}_Z = \frac{P_S \cdot \sin^2(\beta)}{4\pi \cdot H_Z^2} \cdot G_S \cdot C_H^2(\alpha - \delta) \cdot C_V{}^2(\beta) \ . \tag{4.42}$$

Für

$$C_V^2(\beta) = \frac{1}{\sin^2(\beta)} = \operatorname{cosec}^2(\beta) \tag{4.43}$$

nimmt die Gl. (4.41) die Form

$$\overline{S}_Z = \frac{P_S}{4\pi \cdot H_Z^2} \cdot G_S \cdot C_H^2(\alpha - \delta) \tag{4.44}$$

an.

Die Leistungsdichte an Zielen gleicher Höhe ist damit unabhängig von der Zielentfernung.

Die cosec-vertikale Richtcharakteristik läßt sich bei Reflektorantennen durch parabolabweichende Formen des oberen bzw. unteren Spiegelbereichs erzielen.

Die horizontale Zielentfernung D_Z (Bild 4.12) ist mit einem systematischen Fehler F_D behaftet:

$$F_D = R_Z - D_Z = \left(\frac{1}{\cos(\beta)} - 1 \right) \cdot D_Z \ . \tag{4.45}$$

Im Bereich $0° < \beta < 10°$ liegt dieser Fehler unter 1,6 %.

An das horizontale Richtdiagramm wird die Idealforderung gestellt:

$$\text{bei } |\alpha - \delta| \leq \frac{\Delta\alpha}{2} \text{ sollte } C_H = 1 \text{ sein} \tag{4.46}$$

$$\text{bei } |\alpha - \delta| > \frac{\Delta\alpha}{2} \text{ sollte } C_H = 0 \text{ sein.} \tag{4.47}$$

Mehrere Ziele lassen sich innerhalb der horizontalen 3 dB-Keulenbreite im Azimut nicht unterscheiden. Für die Entfernungsauflösung ist die Gl. (4.3) maßgebend.

Trefferzahl *Z*

Die Verweilzeit t' des Zieles innerhalb der azimutalen Keulenbreite $\Delta\alpha$ beträgt:

$$t'(\text{in s}) = \frac{\Delta\alpha(\text{in grad})}{6U(\text{in min})} \tag{4.48}$$

mit

U = Zahl der Umläufe der Drehantenne pro Minute.

Die Impulstrefferzahl Z pro Umlauf ergibt sich aus

$$Z = t' \cdot f_{\text{p}} = \frac{\Delta\alpha\,(\text{in grad}) \cdot f_{\text{p}}\,(\text{inHz})}{6U\,(\text{in min})} \,. \tag{4.49}$$

Für eine ausreichende Zielwahrnehmung gilt:

$$Z \geq 5 \,. \tag{4.50}$$

Festzeichenlöschung MTI (*Moving Target Indicator*)

Flugsicherung-Radars sind mit einem Zusatzgerät zwecks Festzeichenlöschung stationärer Störziele ausgerüstet.

MTI beruht auf dem Phasenvergleich aufeinanderfolgender kohärenter Impulse. Wenn es sich um ein stationäres Ziel handelt, so beträgt die Phasendifferenz Null (keine Anzeige).

Anders ist es bei einem Flugobjekt. Die Doppler-Phasendifferenz aufeinanderfolgender Impulse ist in diesem Falle proportional der radialen Geschwindigkeit v_{r} des Flugzeugs zur Radar-Station; dabei werden die kohärenten Impulse phasenmäßig verglichen und angezeigt.

Die Doppler-Phasendifferenz $\Delta\varphi_D$ beträgt:

$$\Delta\varphi_D = \frac{4\pi \cdot v_{\text{r}}}{f_{\text{p}} \cdot \lambda} \,. \tag{4.51}$$

Für eine ausreichende Zielwahrnehmung gilt beim MTI:

$$Z \geq 15 \ldots 20. \tag{4.52}$$

Blindgeschwindigkeit (*Blindspeed*) v_{rB}

Bei

$$\Delta\varphi_D = 2\pi, 4\pi, \ldots 2n\pi$$

können Festziele vor bewegten Zielen nicht mehr unterschieden werden.

Die Blindgeschwinbdigkeit v_{rBn} beträgt nach Gleichung (4.50) somit:

$$v_{\text{rBn}} = \frac{n \cdot f_{\text{p}} \cdot \lambda}{2} \tag{4.53}$$

mit

$$n = 1, 2, \ldots \quad .$$

Aufgabe 4.3

Gegeben ist ein ASR-Radar (λ = 10 cm, f_p = 1000 Hz, U = 12 Umdrehungen/Minute, $\Delta\alpha$ = 1,5°).

Berechnen Sie die Trefferzahl Z und die Blindgeschwindigkeit v_{rB1}.

Lösung:

$$Z = 21, \; v_{rB1} = 180 \text{ km/h}.$$

Sekundärradar SSR (*Secondary Surveillance Radar*)

SSR wird in der Flugsicherung im System-Verbund mit dem Primär-Rundsichtradar RSR betrieben.

Außer der Identifizierung eines Flugzeugs liefert das Verfahren zusätzlich Angaben über Flughöhe, Fluggeschwindigkeit, Entfernung und Azimut des Flugzeugs zum Radar.

Der Sender der Bodenanlage (*Interrogator*) sendet über eine Dreh-Schlitzantenne mit rechteckförmiger Apertur eine kodierte Abfragepulsfolge bei 1030 MHz zum Flugobjekt aus.

Die Empfänger/Senderkombination im Flugzeug (*Transponder*) bearbeitet die Sendeinformation und strahlt ihrerseits eine kodierte Antwortimpulsfolge bei 1090 MHz zum Empfang für die Bodenanlage (mit dem entsprechenden Informationsinhalt) ab.

4.6.2 Seitensichtradar

Das Seitensichtradar mit synthetischer Apertur SLAR (*Side Looking Airborne Radar*) dient der Verbesserung der lateralen Objektauflösung mit Hilfe des Dopplereffektes [70,76,77,78].

SLAR-Radars werden auf fliegenden Trägerplattformen (Flugzeugen/Satelliten) installiert. Die Aufbereitung der Radar-Meßdaten erfolgt optisch oder digital [79].

SLAR-Verfahren werden für folgende Zwecke verwendet:

- Erstellung von Landkarten
- Erkundung von Bodenschätzen
- Überwachung von Schiffsbewegungen
- Aufklärung von Geländestreifen im militärischen Bereich [80].

Die laterale Bildauflösung Δx des Verfahrens (Bild 4.13) ist unabhängig von der Radarwellenlänge λ, dem Abstand R_0 und der Fluggeschwindigkeit v der Trägerplattform .

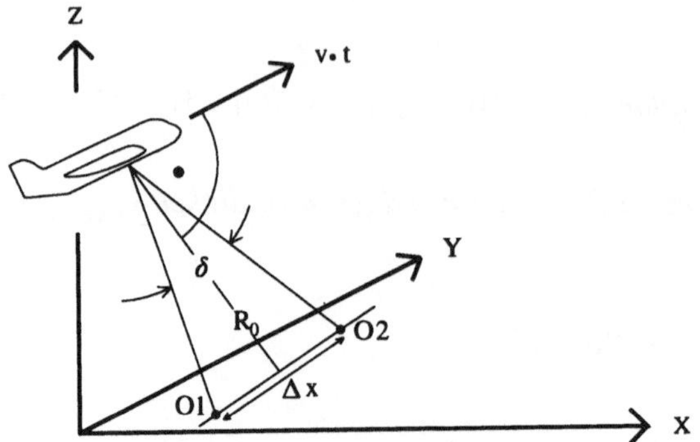

Bild 4.13: Erklärung zur Herleitung der Lateralauflösung Δx

Nachfolgend wird dieser Sachverhalt mathematisch erläutert .

Die Dopplerfrequenzen f_{DO1} und f_{DO2} der Ziele 01 und 02 (Bild 4.12) betragen nach Gl. (4.10) und Gl. (4.11):

$$f_{\mathrm{D01}} = \frac{2v}{\lambda}\cos\left(\frac{\pi}{2}+\frac{\delta}{2}\right) \tag{4.54}$$

$$f_{\mathrm{D02}} = \frac{2v}{\lambda}\cos\left(\frac{\pi}{2}-\frac{\delta}{2}\right) . \tag{4.55}$$

Aus der Näherung für kleine Winkel

$$\sin\left(\frac{\delta}{2}\right) \approx \frac{\delta}{2}$$

folgt die Frequenzauflösung Δf_{D}:

$$\Delta f_{\mathrm{D}} = f_{\mathrm{D02}} - f_{\mathrm{D01}} = \frac{2v}{\lambda}\cdot\delta \tag{4.56}$$

mit

$$\delta = \frac{\Delta x}{R_0} \text{ (Bild 4.13).}$$

Zwischen der integralen Beleuchtungsdauer t_{B} und der Fluggeschwindigkeit v besteht bei Anwendung der Gl. (4.22a) mit $q = 1$ die Beziehung:

$$t_{\mathrm{B}} = \frac{\Delta\alpha \cdot R_0}{v} = \frac{\lambda \cdot R_0}{B \cdot v} \tag{4.57}$$

mit

B = laterale Aperturabmessung der Radarantenne.

Gemäß der Unschärferelation beträgt:

$$t_{\mathrm{B}} = \frac{1}{\Delta f_{\mathrm{D}}} . \tag{4.58}$$

Aus den Gleichungen (4.55 bis 4.57) ergibt sich schließlich die laterale Bildauflösung Δx:

$$\Delta x = \frac{B}{2} . \qquad (4.59)$$

4.6.3 Radar in der Schiffahrt

Aufgabe des Schiffsradars ist die Entdeckung und Lokalisierung von Zielen auf der Erdoberfläche (Schiffe, Seezeichen, Land).

Das Hafenradar wird zur Navigation von Schiffen in der Nähe von Seehäfen verwendet [81].

Schiffs-/Hafenrundsicht-Impulsradars werden in der Regel bei Frequenzen

$$f \approx 9 \ldots 10\,\text{GHz}$$

betrieben.
Diese haben die Aufgabe der Erfassung von Objekten im zweidimensionalen Zielbereich (R_Z, α).

Die Impulsdauer τ_p liegt hierbei in den Grenzen

$$\tau_p = 0.05 \ldots 1\,\mu\text{s} .$$

Die maximale Verfahrensreichweite (s. Gl. (4.2)) wird durch Meßbereichsumschaltung der Pulsfrequenz f_p bei automatischer Mitumschaltung der Pulsdauer τ_p und Bandbreite $B = 1/\tau_p$ des Empfängers variiert.

Als Antennen werden vorwiegend Parabolausschnitte und Schlitzantennen mit 3 dB-Keulenbreite:

$$\Delta\alpha = 1° \ldots 2°;\ \Delta\beta = 15° \ldots 25°$$

verwendet.

4.6.4 Radar im Straßen- und Schienenverkehr

Das komplexe Verkehrsgeschehen auf Straßen und Schienen kann mit Hilfe von Radarsensoren kontrolliert und gesichert werden.

Es werden hierfür die Frequenzen

$$f \approx 30 \ldots 100\,\text{GHz}$$

verwendet.

Bei der Polizei ist das Verkehrsradar zur Geschwindigkeitskontrolle und Stauüberwachung im Einsatz.

Es arbeitet nach dem CW-Dopplerprinzip (s. Gl. (4.10)).

Das Abstandsradar in Kraftfahrzeugen dient zur Kollisionsverhütung. Sein Prinzip wird nachfolgend entwickelt.

Der Bremsvorgang eines Fahrzeugs ergibt sich aus der Umwandlung kinetischer Energie in Bremsenergie (Wärme).

Es gilt:

$$\frac{mv^2}{2} = m \cdot b \cdot S_B \tag{4.60}$$

mit

m = Masse des Fahrzeugs

v = Geschwindigkeit des Fahrzeugs

b = Bremsverzögerung des Fahrzeugs

S_B = Bremsweg des Fahrzeugs.

Nach Gl. (4.60) ist der Bremsweg S_B unabhängig von der Masse des Fahrzeugs:

$$S_B = \frac{v^2}{2b} \; . \tag{4.61}$$

Das quadratische Abstandsgesetz zwischen zwei Fahrzeugen (Bild 4.13) lautet demnach für den stationären Zustand [82,83]:

$$S_A = \left(\frac{{v_2}^2}{2b_2} - \frac{{v_1}^2}{2b_1} \right) + \tau_2 \cdot v_2 \tag{4.62}$$

mit

S_A = Sollabstand zwischen Fahrzeug 2 und Fahrzeug 1 (Sicherheitsabstand)

τ_2 = Reaktionszeit des Tachos von Fahrzeug 2.

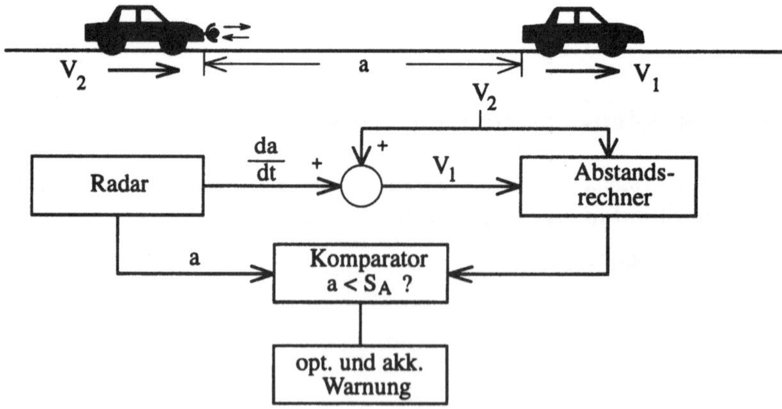

Bild 4.14: Funktionsschema eines Abstandswarngerätes

Die Größen der Gl. (4.61) werden mit einem FM/CW-Dopplerradar im Fahrzeug 2 (Bild 4.13) und mit einem Rechner (ebenfalls im Fahrzeug 2) ausgewertet.

Auch im Schienenverkehr hat das Radar eine Reihe von Anwendungen. Als Dopplerradar dient es zur berührungslosen Messung von Geschwindigkeit, Weg und Beschleunigung von Zügen.

4.6.5 Laser-Radar

Als Entwicklungsschwerpunkt der letzten Jahre ist die Anwendung des Lasers in Ortung und Navigation mit

$$f \approx 30 \ldots 300\,\mathrm{THz}$$

zu nennen.

Der Einsatz erstreckt sich bisher auf den militärischen Bereich [84]. Eine zivile Anwendung ist absehbar.

Die Vorteile der Laserortung gegenüber den herkömmlichen Verfahren ergeben sich durch extrem hohe Bündelungsfähigkeit der elektromagnetischen Wellen mit sehr großem Antennengewinn G bei kleiner Aperturfläche A (s. Abschnitt 4.3).

Die Nachteile sind durch die geringen $R'_{\mathrm{Z\,max}}$-Reichweiten (s. Gl.(4.31)) im Laserbereich bedingt:

$$R'_{\mathrm{Z\,max}} \leq 10\,\mathrm{km}\ . \tag{4.63}$$

5 Doppler-Navigator

5.1 Einleitung

Die autonomen Doppler-Navigationssysteme können prinzipiell zur Streckennavigation von Fahrzeugen der Luft- und Seefahrt eingesetzt werden.

Sie arbeiten im Impuls-, CW- oder FM/CW-Betrieb mit Mikrowellenträgern (f = 8,8 GHz oder f = 13,3 GHz).

Der Anwendung in der Seefahrt sind durch die niedrigen Dopplerfrequenzen (Tabelle 4.2) Grenzen gesetzt.

Nachfolgend wird der *Doppler-Navigator* nur im Zusammenahng mit der Luftfahrt erläutert [85, 86, 87, 88, 89].

5.2 Bestimmung der Grundgeschwindigkeit

Bei der Dopplernavigation an Bord eines Flugzeugs wird ein scharf gebündelter Mikrowellenstrahl in Flugrichtung schräg unter dem Winkel γ zum Erdboden abgestrahlt (Bild 5.1).

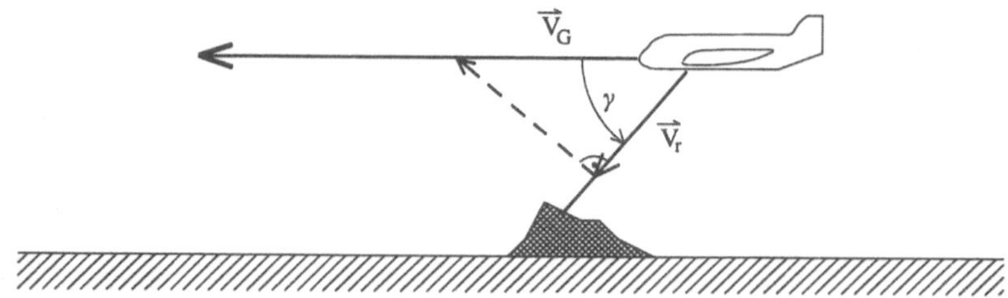

Bild 5.1: Messung der Grundgeschwindigkeit $\vec{v}_G$;
τ = Neigungswinkel des Radarstrahls

Die Grundgeschwindigkeit v_G ergibt sich gemäß Gl.(4.10) wie folgt:

$$v_G = \frac{\lambda \cdot f_D}{2\cos(\gamma)} \; . \tag{5.1}$$

Aufgabe 5.1:

Die gemessene Dopplerfrequenz f_D *beträgt für* λ = 3,4 cm *und* γ = 60°

$$f_D = 6052{,}3 \text{ Hz.} \tag{5.2}$$

Bestimmen Sie v_G (Bild 5.1) in der Einheit Knoten (kt)
[1 *Knoten* (kt) = 1852 mh^{-1}].

Lösung: *Gemäß Gl. (5.1) erhält man für v_G*

$$v_G = \frac{205{,}8 \cdot 3600}{1852} = 400\,\text{kt} \tag{5.3}$$

5.3 Bestimmung der Abdriftung vom Kurs

Will man zusätzlich zur Grundgeschwindigkeit den Abdriftwinkel δ zum Steuerkurs ermitteln, so sind mindestens zwei Radarantennen (Bild 5.2) erforderlich.

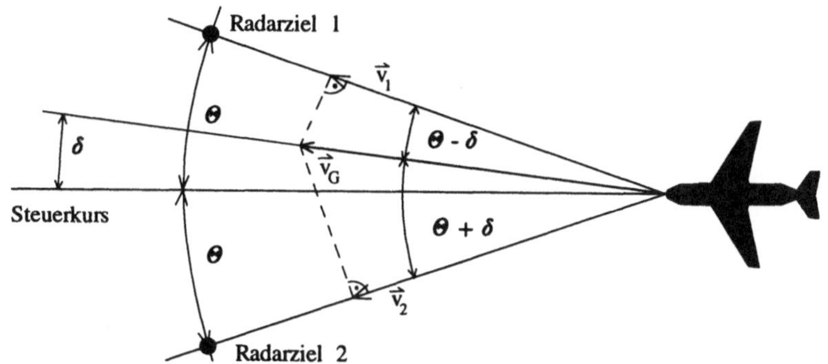

Bild 5.2: Messung der Grundgeschwindigkeit v_G und des Abdriftwinkels δ (Draufsicht)

Diese werden unter dem Winkel Θ zur Flugzeugachse angeordnet und liefern die Geschwindigkeitsinformationen:

$$v_1 = v_G \cos(\Theta - \delta) = v_G\left[\cos(\Theta)\cdot\cos(\delta) + \sin(\Theta)\cdot\sin(\delta)\right] \tag{5.4}$$

$$v_2 = v_G \cos(\Theta + \delta) = v_G\left[\cos(\Theta)\cdot\cos(\delta) - \sin(\Theta)\cdot\sin(\delta)\right] \tag{5.5}$$

mit

$$v_1 = \frac{\lambda \cdot f_{D1}}{2\cos(\gamma)} \tag{5.6}$$

$$v_2 = \frac{\lambda \cdot f_{D2}}{2\cos(\gamma)} \,. \tag{5.7}$$

Aus Gl.(5.4) und Gl.(5.5) ergeben sich zur Bestimmung von δ und v_G folgende Beziehungen:

$$\tan(\delta) = \left(\frac{v_1 - v_2}{v_1 + v_2} \right) \cdot \operatorname{cotan}(\Theta) \tag{5.8}$$

$$v_G = \left(\frac{v_1 + v_2}{2} \right) \cdot \frac{1}{\cos(\Theta) \cdot \cos(\delta)} \;. \tag{5.9}$$

5.4 Systeme mit drei und mehr Strahlern

Um Steig- und Sinkgeschwindigkeit sowie Rollwinkelabweichungen zu messen, ist mindestens ein dritter Radar-Sensor erforderlich.

Mit den Doppler- und Kompaßinformationen wird ein Flugrechner gespeist, der die Aufgabe hat, den vorgegebenen Flugweg bis zum Ziel zu berechnen.

6 Drehfunkfeuer der Luftfahrt

6.1 Einleitung

Drehfunkfeuer sind Richtsendeanlagen, die in der Luftfahrt zur Messung des Winkels in der Horizontalebene (Azimut) Verwendung finden. Sie können mit einem Zusatzgerät zur Entfernungsmessung verwendet werden.

Prinzipiell kann ein Drehfunkfeuer mit der Arbeitsweise eines Leuchtturmes verglichen werden (Bild 6.1).

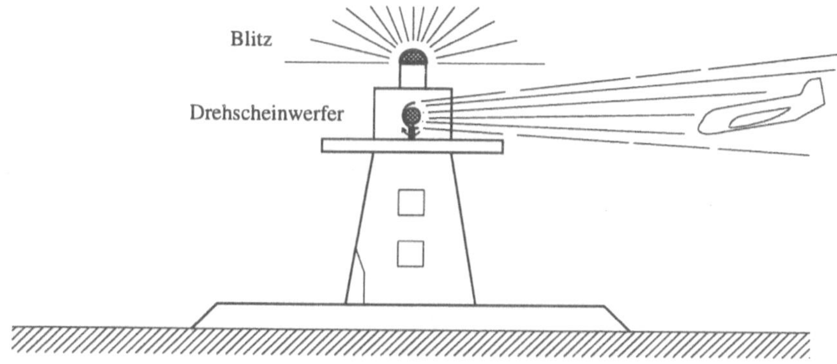

Bild 6.1: Leuchtturm (schematische Darstellung)

In regelmäßigen Abständen werden vom Leuchtturm nach allen Seiten sichtbare Blitze (Rundfeuer) abgegeben. Unter dem Rundfeuer ist eine Drehscheinwerfer auf einer Plattform installiert, dessen Drehzahl mit der Blitzfrequenz übereinstimmt.

Die Zeit zwischen Blitz und Durchgang des Drehstrahls am Flugzeug ist ein Maß für den relativen Azimut des Flugzeugs zum Standort des Leuchtturms.

6.2 UKW-Drehfunkfeuer

Das UKW-Drehfunkfeuer VOR (*VHF Omnidirectional Radio-Range*), Frequenzbereich 108 ... 118 MHz, wird für die Kurz- und Mittelstreckennavigation verwendet [90, 91, 92, 93, 94, 95].

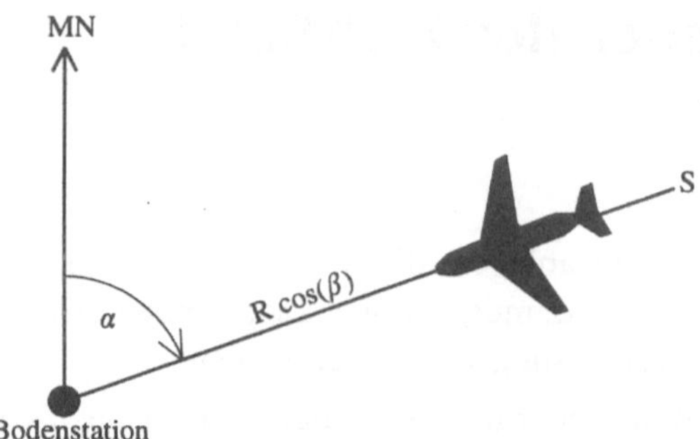

Bild 6.2: VOR-Verfahren (Draufsicht)

Es liefert als Azimutinformation den Winkel zwischen der Flugzeugstandlinie S und magnetisch Nord (MN).

Die Bodenstation sendet hierzu ein azimutunabhängiges Bezugssignal mit einer horizontalen Scheibenantenne (dies entspricht dem Rundfeuer eines Leuchtturms) und ein azimutabhängiges Umlaufsignal mit einer Richtantenne (dies entspricht dem Drehscheinwerfer eines Leuchtturms) aus.

Die Richtantenne ist im einfachsten Fall ein horizontaler Drehdipol mit der Umlaufgeschwindigkeit (bzw. Umlauffrequenz) von

(6.1)

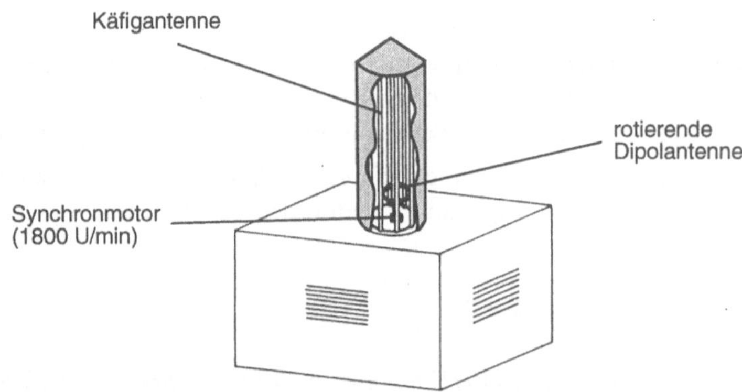

Bild 6.3: Antennenanlage eines VOR-Senders [92]

Die Phasenverschiebung φ zwischen Bezugs- und Umlaufsignal ist mit dem Azimut α (Bild 6.2) identisch.

Zur Vermeidung vertikal-polarisierter Anteile der VOR-Ausstrahlung ist die Antennenanlage (Bild 6.3) in einem aus vertikalen Stäben bestehenden Polarisationskäfig untergebracht [96].

Der Drehdipol kann in Analogie zum Drehrahmen durch einen horizontalen Kreuzdipol oder Kreuzschlitzstrahler mit mechanischem oder elektronischem Goniometer ersetzt werden.

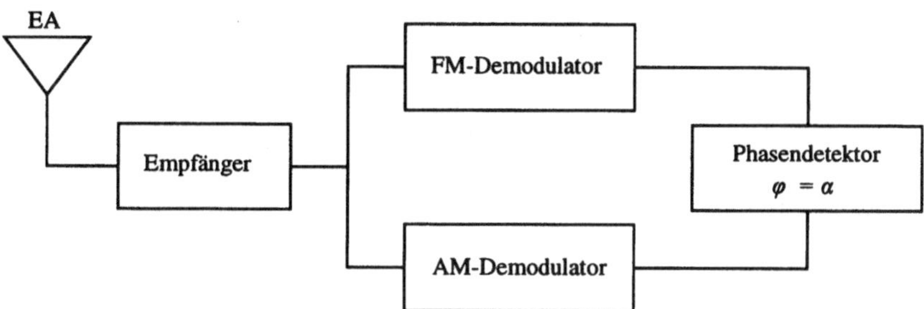

Bild 6.4: VOR-Bordanlage (schematische Darstellung)

Der Träger des Senders (f_O = 108 ... 118 MHz) wird mittels Amplitudenmodulation zu Hilfsträgern

$$f_{OH} = f_O \pm 9600 \text{ Hz} \tag{6.2}$$

für das Bezugssignal umgewandelt, damit die Bordempfangsanlage (Bild 6.4) Bezugs- und Umlaufsignal trennen kann.

Die Hilfsträger f_{OH} werden zusätzlich mit der Umlauffrequenz f_S = 30 Hz frequenzmoduliert. Der Frequenzhub Δf_S beträgt hierbei 480 Hz.

Am Eingang des Bordempfängers treten additiv das azimutunabhängige frequenzmodulierte Bezugssignal

$$S_B(t) = S_{OB} \cdot \sin\left[2\pi f_{OH} t + \Delta\varphi \sin(2\pi f_S t)\right] \tag{6.3}$$

mit

$$\Delta\varphi = \frac{\Delta f_S}{f_S} = \frac{480}{30} = 16 = \text{Phasenhub} \tag{6.4}$$

und das azimutabhängige amplitudenmodulierte Umlaufsignal

$$S_U(t) = S_{OU}\left[1 + m\sin(2\pi f_S t + \alpha)\right]\sin(2\pi f_O t) \tag{6.5}$$

mit

m = Modulationsindex

auf.

Nach getrennter Demodulation (Bild 6.4) von $S_B(t)$ und $S_U(t)$ beträgt die Phasendifferenz zwischen beiden Signalen:

$$\varphi = (2\pi f_S t + \alpha) - 2\pi f_S t = \alpha \ . \tag{6.6}$$

Bild 6.5 zeigt das VOR-Spektrum des Senders mit der Sprache (300 ... 3000 Hz).

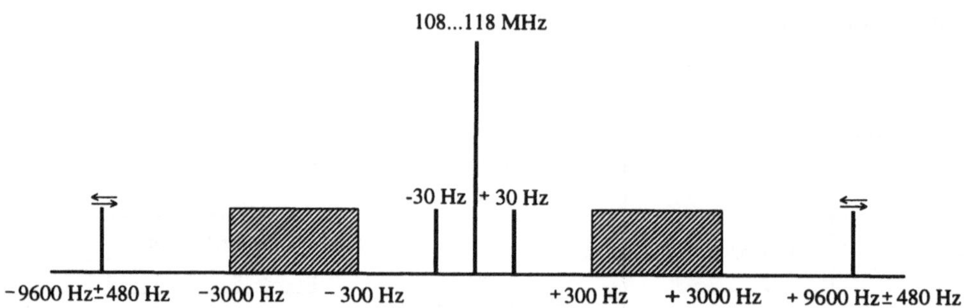

Bild 6.5: VOR-Spekrum [90]

6.3 Doppler-UKW-Drehfunkfeuer

Beim VOR können durch Reflexionen der ausgestrahlten Wellen in der Umgebung der Bodenstation erhebliche Azimutfehler auftreten. Die Fehler lassen sich bei Verwendung eines Doppler-VOR (DVOR) in etwa um den Faktor 10 vermindern.

Beim DVOR sind die Funktionen der beiden 30 Hz-Schwingungen, verglichen mit dem konventionellen VOR, vertauscht [97, 98, 99].

Dies bedeutet, daß das azimutunabhängige Bezugssignal $S_B(t)$ amplitudenmoduliert und das azimutabhängige Umlaufsignal $S_U(t)$ frequenzmoduliert sind:

$$S_B(t) = S_{OB} \cdot \sin\left[1 + m\sin(2\pi f_S t)\right] \sin(2\pi f_O t) \tag{6.7}$$

$$S_U(t) = S_{OU} \sin\left[2\pi f_{OH} t + \Delta\varphi \cdot \sin(2\pi f_S t + \alpha)\right] \tag{6.8}$$

In Analogie zum Doppler-Peiler (s. Abschnitt 3.7) werden auf einem Kreis z.B. 39 rundstrahlende Alford-Ringantennen (Bild 6.6) angeordnet.

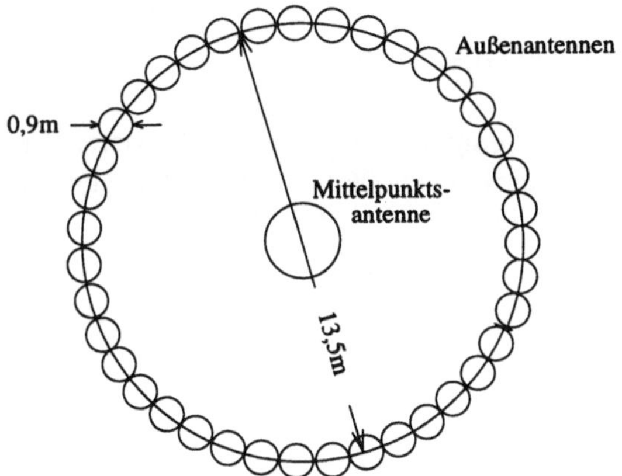

Bild 6.6: Antennenanlage eines DVOR-Senders (Draufsicht)

Durch zyklisches Ein- und Ausschalten der Kreisantennen beträgt der Phasenhub für das Umlaufsignal (s. Gl. (3.124))

$$\Delta\varphi = \frac{2\pi}{\lambda_{\mathrm{OH}}} \cdot R \cdot \cos(\beta) \tag{6.9}$$

mit

$$\lambda_{\mathrm{OH}} = \frac{c}{f_{\mathrm{OH}}}.$$

In Hinblick auf die Bordempfangsseite (Bild 6.4) soll das DVOR mit dem VOR ($\Delta\varphi = 16$) kompatibel sein. Der Kreisdurchmesser einer DVOR Kreisgruppe beträgt demnach ($\beta = 0$):

$$D = 2R = \frac{\lambda_{\mathrm{m}} \cdot \Delta\varphi}{\pi} = 13{,}5\,\mathrm{m} \tag{6.10}$$

mit

$\lambda_{\mathrm{m}} = 2{,}64$ m = Wellenlänge für die mittlere Trägerfrequenz 113,5 MHz.

Das Verhältnis D/λ beträgt für die Kreisgruppenantenne im Frequenzbereich 108 ... 118 MHz:

$$\frac{D}{\lambda} = 4{,}9 \ldots 5{,}3\,. \tag{6.11}$$

Das Großbasisverhalten von DVOR mit seiner Verminderung der Funkfeldstörungen gegenüber dem normalen VOR ist somit für den ganzen Trägerfrequenzbereich quasi konstant [100].

Die Mittelpunktsantenne (Bild 6.6) strahlt das amplitudenmodulierte Bezugssignal ab.

6.4 Entfernungsmeßsystem DME

Das DME (*Distance Measuring Equipment*) ist ein standardisiertes Entfernungsmeßsystem der Luftfahrt im Frequenzbereich 962 ... 1213 MHz. Es wird meistens in Verbindung mit VOR / DVOR betrieben [101, 102, 103].

Vom Bordsender (Interrogator) werden RF-Impulse abgestrahlt, die von der Bodenstation empfangen werden. Die Bodenstation (Transponder) sendet daraufhin mit einer bestimmten Verzögerung RF-Impulse aus, die von der DME-Bordanlage auf ihre Laufzeit für die Ermittlung der Schrägentfernung (Abstand zwischen Boden- und Bordanlage, Bild 4.12) ausgewertet werden. Der Unterschied von Abfrage- und Antwortfrequenz beträgt 63 kHz. Den Bodenstationen sind die Abfrage- und die Antwortfrequenzen fest zugeteilt. Die Bordgeräte müssen daher jeweils auf die Frequenzen der betreffenden Bodenstation eingestellt werden.

Die Reichweite des Verfahrens beschränkt sich im wesentlichen auf die optische Sichtweite (s. Gl. (2.41) mit $H_E = 0$).

6.5 TACAN (Tactical Air Navigation)

Die TACAN-Bodenstaion ist ein schnell umlaufendes Impuls-Drehfunkfeuer im Frequenzbereich 962 ... 1213 MHz [104, 105, 106].

Der Impulsbetrieb erlaubt es, sowohl eine Azimut- als auch eine Entfernungsmessung durchzuführen. Das TACAN-Bordgerät ist in Prinzip ein DME-Gerät mit Zusatz zur Azimutmessung, die ähnlich wie beim VOR auf der Messung der Phasendifferenz zwischen einem azimutunabhängigen Bezugssignal und einem azimutabhängigen Umlaufsignal beruht.

Wird VOR und TACAN örtlich gemeinsam aufgestellt, so bezeichnet man diese kombinierte Funknavigationsbodenanlage

VORTAC.

Die Kombination DVOR mit TACAN nennt man entsprechend

DVORTAC.

7 Ungerichtetes Funkfeuer der Luftfahrt

7.1 Einleitung

Ein ungerichtetes Funkfeuer NDB (*Non Directional Beacon*) ist ein Sender, dessen Antenne einen hochfrequenten Träger mit vertikaler Polarisation ohne Richtwirkung in der Horizontalebene abstrahlt [107, 108]. Der Träger ist im allgemeinen unmoduliert. Periodisch (z.B. zweimal je Minute) wird jedoch die Kennung dem Träger in Form von Morsebuchstaben aufmoduliert.

Nach ICAO (*International Civil Aviation Organization*) ist für NDB-Funkfeuer der Frequenzbereich 200 ... 750 kHz vorgesehen.

Genutzt wird in der Bundesrepublik Deutschland derzeit lediglich der Frequenzbereich 200 ... 507 kHz.

NDB-Funkfeuer dienen als Bodenorientierungspunkte für Luftfahrzeuge an markanten Stellen der Luftstraßen oder im Flughafenbereich in bestimmten Abständen zur Landebahn auf der Anfluggrundlinie.

Bordseitig erfolgt das Auffinden (die Peilung) eines ungerichteten Funkfeuers mit Hilfe des Radiokompasses ADF (*Automatic Direction Finder*).

7.2 NDB-Sendeantennen

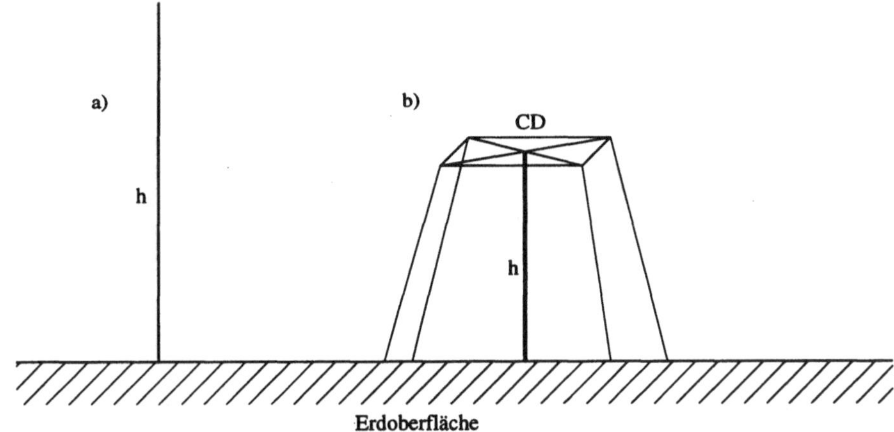

Bild 7.1: NDB-Sendeantennen (schematisch);
a) Sendemast der Höhe $h \approx 30$ m
b) T-Antenne der Höhe $h \approx 20$ m

Als Sendeantenne (Bild 7.1) verwendet man entweder eine einfache Mastantenne (geerdete Stabantenne) oder eine T-Antenne (geerdete Stabantenne mit Dachkapazität)[109].

Beide Antennenarten haben eine horizontale Rundcharakteristik mit

$$C_{\mathrm{H}}(\alpha) = 1 \tag{7.1}$$

und in guter Näherung eine kosinusförmige vertikale Richtcharakteristik (Bild 7.2) mit

$$C_{\mathrm{V}}(\beta) = \cos(\beta) \tag{7.2}$$

7.3 Radiokompaß

Der Bordpeilempfänger ADF ermittelt u.a. als automatischer Minimum-Drehrahmenpeiler (s. Abschnitt 3.2) den Azimut RB (*Relative Bearing*) des Flugzeugs (bezogen auf die Flugzeuglängsachse) zum NDB-Funkfeuer (Bild 7.2).

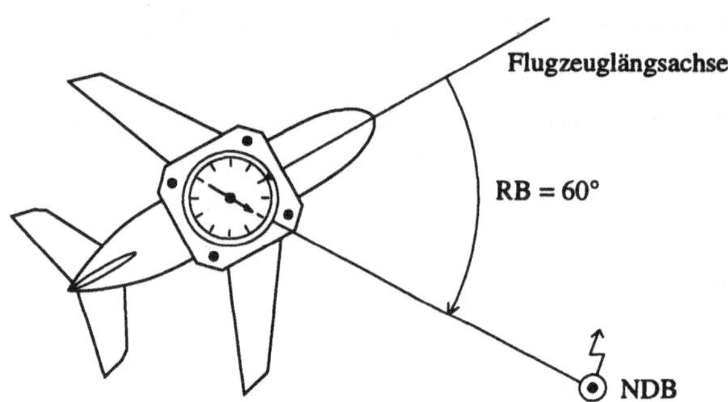

Bild 7.2: Peilung mit dem Radiokompaß

Eine ungestörte Rahmenpeilung ist nur bei direktem Empfang der vertikalpolarisierten abgestrahlten NDB-Funkwellen tagsüber möglich. Nachts entfällt die dämpfende Wirkung der D-Schicht (s. Abschnitt 3.2.3) für den LF- und den unteren MF-Bereich.

Am Empfangsort trifft gemeinsam mit der direkten Welle (quasi-Bodenwelle) auch die Raumwelle nach Reflexion an der E-Schicht mit ihrer elliptischen Polarisation und ihren Großkreisabweichungen auf. Diese Überlagerung von kohärenten Wellenzügen verursacht eine Störung bei der Minimumsuche des Rahmens (*Loop*).

Bei modernen ADF-Anlagen wird die drehbare Loop-Antenne durch einen Ferritkreuzrahmen mit Goniometer ersetzt (s. Abschnitt 3.4.3).

Durch Kreuzpeilung zweier NDB-Sender läßt sich eine Standortbestimmung des Flugzeugs mittels Eigenortung durchführen.

8 Funkhilfe der Luftfahrt für den Landeanflug

8.1 Einleitung

Die standardisierte Funkhilfe für Landeverfahren ist seit mehr als 40 Jahren das ILS (*Instrument Landing System*) [110, 111].

Das ILS soll nach ICAO Empfehlung ab dem Jahrt 1998 durch das MLS (*Microwave Landing System*) abgelöst werden. Es sind jedoch Bestrebungen im Gange, als Landehilfe der Zukunft das Satellitennavigationsverfahren GPS-NAVSTAR (*Global Positioning System, NAVigation System with Time And Ranging*) in Verbindung mit dem Trägheitsnavigationsverfahren INS (*Inertial Navigation System*) einzuführen.

8.2 ILS

8.2.1 Allgemeines

Das ILS-Anflugsystem (Bild 8.1) liefert eine Azimutinformation durch den Landekurssender (*Localizer*) und eine Elevationsinformation durch den Gleitwegsender (*Glidepath*).

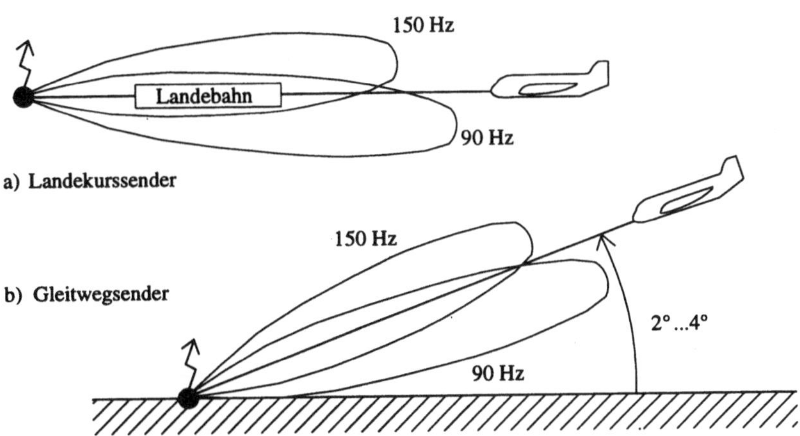

Bild 8.1: ILS Anflugverfahren (schematisch)

ILS ermöglicht eine genaue Führung des Flugzeugs bis nahe an den Aufsetzpunkt der Piste [112, 113, 114, 115, 116, 117].

Die Identifizierung einer ILS-Anlage erfolgt stets mit dem Localizer. Sie besteht aus drei Buchstaben, die mit dem Namen des betreffenden Flugplatzes abkürzungsmäßig in Verbindung stehen.

8.2.2 Landekurssender

Der Localizer (Bild 8.1a) steht entgegengesetzt zur Anflugseite am Ende der Landebahn. Er ist in einem besonderen Gebäude seitlich von der Landebahn untergebracht. Die Antenne des Landekurssenders

strahlt in Richtung des Anflugs zwei gebündelte elektromagnetische Felder im Frequenzbereich 108 ... 112 MHz aus. Es werden hierbei zwecks Unterscheidung zum VOR nur die ungeraden Zehntel (z.B 108,1 MHz, 108,3 MHz, 108,5 MHz u.s.w.) verwendet.

Die vom Localizer abgestrahlten Felder werden mit 90 MHz und 150 MHz amplitudenmoduliert. In Richtung der Anfluggrundlinie (Bild 8.1a) sind die Feldstärken der modulierten Signale gleich groß.

8.2.3 Gleitwegsender

Der Gleitwegsender (Bild 8.1b) strahlt in die Anflugrichtung unter der Elevation 2° ... 4° ein mit 90 Hz und 150 Hz moduliertes Feldpaar aus. Die Frequenzen von Gleitwegsendern liegen im Bereich von 328,6 .... 335,4 MHz. Gemäß einer ICAO-Spezifikation werden die Gleitwegsender-Frequenzen den Localizer-Frequenzen zugeordnet.

8.2.4 Bordempfänger

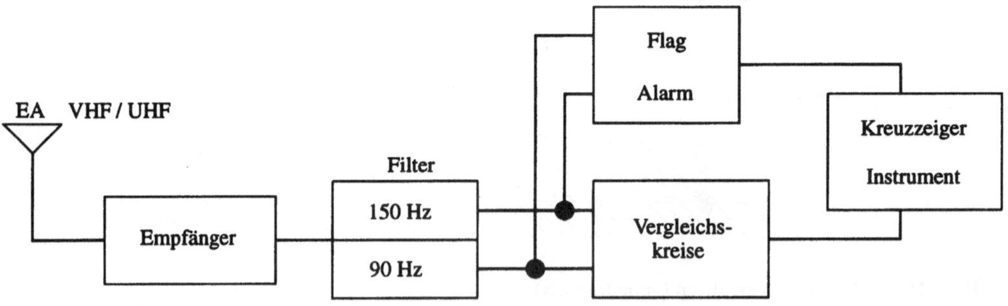

Bild 8.2: ILS-Bordanlage (schematisch) für VHF bzw UHF Empfang

Für den Empfang von Landekurs- und Gleitwegsendersignalen werden bordseitig je ein VHF- und ein UHF-Empfänger installiert (Bild 8.2). Die Empfänger haben die Aufgabe, die Signale zu demodulieren. Nach der Demodulation werden die 90 Hz-

und die 150-Hz-Komponenten durch Filter getrennt, Vergleichskreisen zugeführt und zur Anzeige gebracht. Das Kreuzzeigerinstrument stellt nun die Richtigkeit bzw. Abweichung des Anfluges fest.

Wenn die Vergleichssignale zu schwach sind, tritt „Flag Alarm“ ein (Bild 8.2).

8.3 MLS

8.3.1 Allgemeines

Das ILS hat einige ungünstige Eigenschaften, die sich aus den benutzten Frequenzbereichen mit starker Bodenreflexion und dem Funktionsprinzip ergeben. Deshalb wurde versucht, bessere Landesysteme zu entwickeln [118, 119, 120, 121].

Das MLS hat gegenüber dem ILS folgende Vorteile:

- aufgrund der höheren Trägerfrequenzen bei etwa 5 GHz sind die Antennenabmessungen boden- und bordseitig kleiner und die Bodeneinflüsse geringer,
- Anflugkurs und Gleitwegwinkel sind wählbar,
- Anflüge auf gekrümmten Wegen sind möglich,
- besserer Lärmschutz und geringere Umweltbelastung werden gewährleistet.

MLS arbeitet mit Impulssendungen. Ein integrierter Bestandteil von MLS ist ein zusätzliches Entfernungsmeßsystem.

8.3.2 Prinzip der Winkelbestimmung im Azimut- und Elevationsbereich

Ein scharf gebündelter Abtaststrahl wird periodisch mit konstanter Winkelgeschwindigkeit horizontal in einem definierten Azimutsektor $\pm$ 40° (Bild 8.3) elektronisch hin und her geschwenkt.

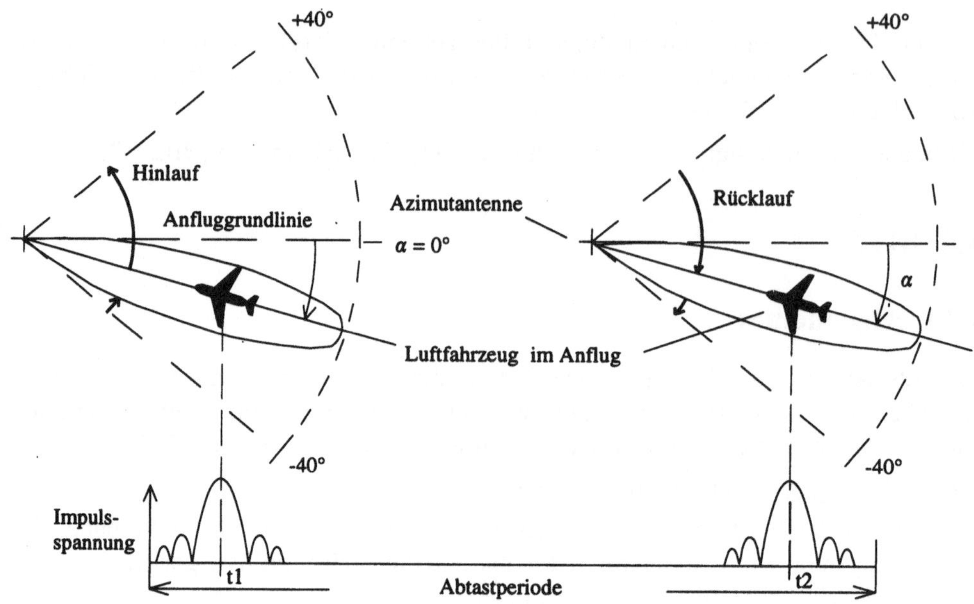

Bild 8.3: Gewinnung der horizontalen Ablage beim MLS (schematisch)

Im Bordempfänger des anfliegenden Luftfahrzeugs tritt bei jedem Überstreichen durch den Abtaststrahl ein impulsförmiges Empfangssignal auf. Die Zeit zwischen den aus dem Hinlauf und den aus dem Rücklauf des Strahls stammenden beiden impulsförmigen Signalen ist ein Maß für die horizontale Ablage α (Azimut) zur Anfluggrundlinie. Das Bordgerät eines im Überdeckungsbereich befindlichen Flugzeugs empfängt somit in jeder Strahlschwenkungsperiode zwei Impulse.

Die Bestimmung der Elevationsablage erfolgt in Analogie zur Azimutablage nach dem gleichen Prinzip in einem definierten Elevationssektor von 0° bis 20°.

8.3.3 Vergleich von MLS und ILS

Während das ILS nur Informationen zu einem einzigen festgelegten Anflugkurs und zu einem einzigen festgelegten Gleitwinkel liefert, liefert das MLS viele mögliche Anflugwinkel in einem vorgegeben relativ großen Luftraum. Des weiteren arbeitet das MLS im Gegensatz zum ILS nur mit einer einzigen Trägerfrequenz.

9 Hyperbelortungssysteme

9.1 Einleitung

Eine Standlinie ist eine Kurve auf der Erdoberfläche, für die *eine* geometrische Größe konstant bleibt. Der Schnittpunkt von zwei Standlinien ergibt den Standort des Objekts.

Ist der Winkel zwischen einem Objekt und einer Bezugsrichtung (s. Bild 3.1 und Bild 6.2) konstant, so spricht man von einer Peilung. Die Standlinie ist in diesem Falle (bei Vernachlässigung der Erdkrümmung) eine Gerade. Die Ortung mit zwei geraden Standlinien ist aus Bild 3.23 zu ersehen.

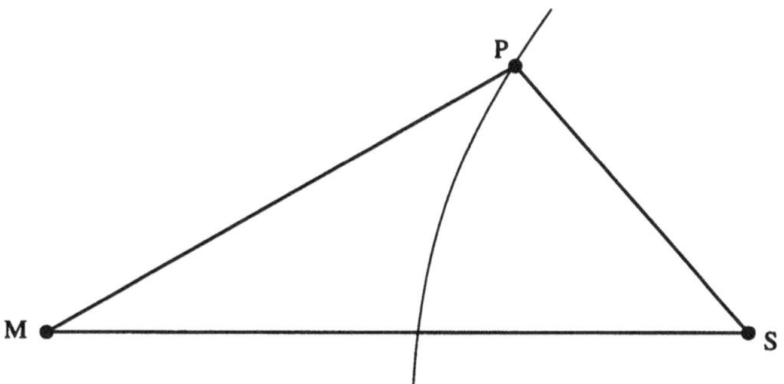

Bild 9.1: Hyperbelstandlinie auf einer als eben angenommenen Erdoberfläche; Entfernungsdifferenz $PM - PS = \text{const}$

Ist die Entfernungsdifferenz von P (z.B. Flugzeug) zu zwei Festpunkten (Bodensender) konstant, so ist die Standlinie (Bild 9.1) eine Hyperbel. Mit Hilfe von mindestens zwei Hyperbeln läßt sich eine Standortbestimmung (Bild 9.2) durchführen.

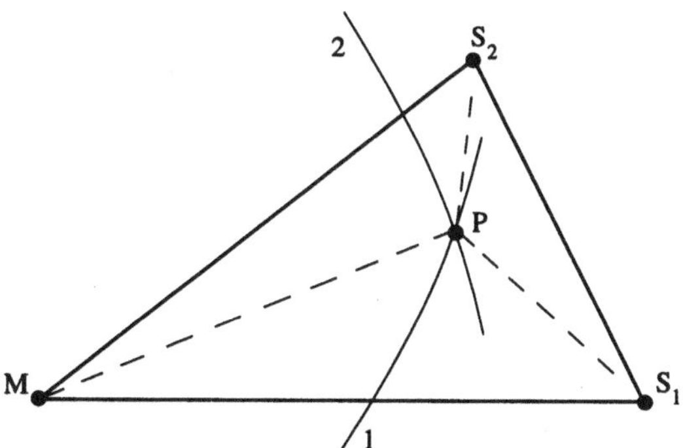

Bild 9.2: Standortbestimmung mit zwei Hyperbeln

Funktechnische Verfahren, bei denen die Entfernungsdifferenzen zu zwei Sendern gemessen werden, bezeichnet man als Hyperbelnavigationsverfahren. Sie dienen der passiven Eigenortung von Fahrzeugen in der Luft- und Seefahrt [122].

Die Entfernungsdifferenz zu zwei Sendern kann bordseitig folgendermaßen ermittelt werden:

- durch Messen der Phasendifferenz (Sender sind im CW-Betrieb)
- durch Messen der Laufzeitdifferenz (Sender sind im Impulsbetrieb)
- durch Kombination von Laufzeit- und Phasendifferenzmessungen (Sender sind im Impulsbetrieb).

Nachfolgend werden die Verfahren DECCA, OMEGA und LORAN erläutert.

9.2 DECCA

Das Hyperbelortungssystem DECCA [123, 124, 125, 126] arbeitet mit unmodulierten LF-Trägern im Frequenzbereich 70 ... 130 kHz.

Die Abstrahlung erfolgt vertikal polarisiert mit horizontal rundstrahlenden T-Antennen der Höhe $h \approx 50$ m (s. Kapitel 7).

Die Bezeichnung DECCA geht auf den Namen der Firma *DECCA Navigator Company* zurück.

Das Verfahren beruht auf dem Prinzip der Phasendifferenzmessung (Bild 9.2).

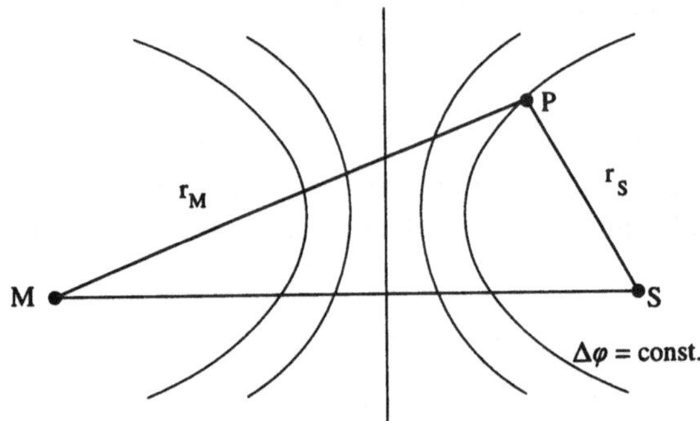

Bild 9.3: Ebene Hyperbelschar von zwei synchron laufenden Sendern; M = Hauptsender (Master), S = Nebensender (Slave)

Zur Phasenauswertung mittels Bordempfänger (Bild 9.3) sind die von den Sendern M und S ausgestrahlten synchronen Schwingungen nur dann trennbar, wenn sich die Trägerfrequenzen wie einfache ganze Zahlen (m,n) verhalten.

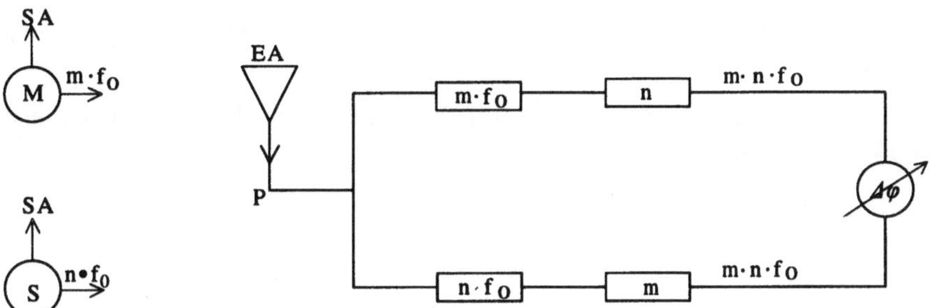

Bild 9.4: Phasenauswertung von synchronen Schwingungen unterschiedlicher Frequenzen; f_0 = Bezugsfrequenz

Durch Frequenzvervielfachung werden die Sender M und S auf eine gemeinsame Frequenz gebracht, und anschließend wird die Phasendifferenz

$$\Delta\varphi = \frac{2\pi}{c} mnf_0 (PM - PS) = \frac{2\pi\Delta\varrho}{\lambda_{\mathrm{m,n}}} \tag{9.1}$$

mit

$\Delta\varrho = PM - PS =$ Entfernungsdifferenz,

$\lambda_{\mathrm{m,n}} = \dfrac{\lambda_0}{m \cdot n}$ = Wellenlänge der virtuellen Vergleichsfrequenz ($\lambda_0 = \dfrac{c}{f_0}$)

gemessen.

Die Phasenauswertung wird mehrdeutig für

$$\Delta\varrho > \frac{\lambda_{\mathrm{m,n}}}{2} \ . \tag{9.2}$$

Um eine Ortung mit zwei Hyperbeln durchführen zu können, ist es erforderlich, daß mindestens ein Hauptsender und zwei Nebensender vorhanden sind.

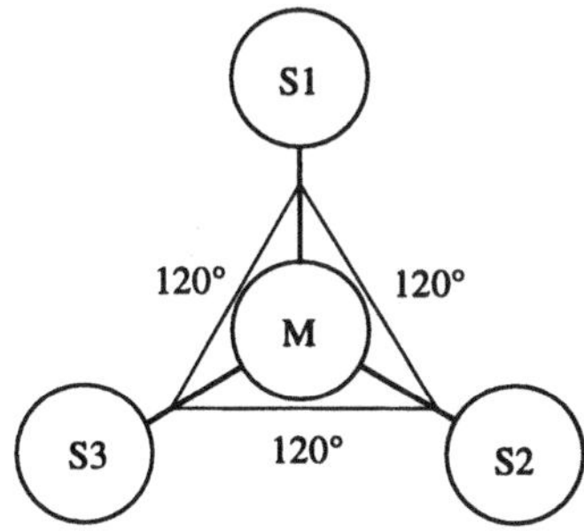

Bild 9.5: DECCA-Kette

Eine DECCA-Kette (Bild 9.5) besteht aus einer Hauptstation M und drei Nebenstation S_1, S_2 und S_3.

Die Nebenstationen werden in der Regel mit Winkeln von ca. 120° in Abständen von 100 ... 200 km um die Hauptstation angeordnet.

Mit dem Hyperbelortungssystem DECCA kann eine unbegrenzte Anzahl von Verkehrsteilnehmern im Umkreis bis etwa 500 km Eigenortungen (Bereich der Bodenwelle) von der Hauptstation M vornehmen.

Es gibt z.Z. 38 DECCA-Ketten, die sich in Europa, am Persischen Golf, in den USA, in Japan und in Südafrika befinden, so daß sich die Verwendung des DECCA-Systems auf diese Gebiete beschränken muß. Ein weiterer Ausbau ist nicht vorgesehen.

Während in der Luftfahrt DECCA nur noch vereinzelt verwendet wird, findet es in der Seefahrt, vor allem bei der Fischfangflotte, eine breite Anwendung.

9.3 OMEGA

Das Hyperbelortungssystem OMEGA arbeitet in Analogie zum DECCA-Verfahren mit unmodulierten Trägern und gemäß dem Phasendifferenzprinzip. Als Frequenzbereich wird der VLF Teilbereich 10 ... 15 kHz gewählt. Die Abstrahlung erfolgt meistens wie beim NDB und DECCA mit horizontal rundstrahlenden Mastantennen der Höhe ~ 500 m [127, 128, 129, 130, 131, 132, 133, 134].

Das OMEGA-Verfahren benutzt als Träger für alle Bodenstationen

folgende Frequenzen:

$$f_1 = 10{,}2 \text{ kHz (Hauptträger)} \tag{9.3}$$

$$f_2 = 13{,}60 \text{ kHz (1. Hilfsträger)} \tag{9.4}$$

$$f_3 = 11{,}33 \text{ kHz (2. Hilfsträger)} \tag{9.5}$$

Im Bordempfänger werden aus Haupt- und Hilfsträgern durch multiplikative Mischung die virtuellen Frequenzen

$$f_2' = f_2 - f_1 = \frac{f_1}{3} = 3{,}40\,\text{kHz} \tag{9.6}$$

und

$$f_3' = f_3 - f_1 = \frac{f_1}{9} = 1{,}13\,\text{kHz} \tag{9.7}$$

gebildet.

Die drei Frequenzen f_1, f_2' und f_3' werden für die Ortung verwendet, und zwar f_2' und f_3' für die Grobortung und f_1 für die Feinortung.

Die Grobortung mittels Phasenauswertung wird gemäß der Beziehung (9.2) für folgende Differenzentfernungen mehrdeutig:

$$\Delta\varrho > \frac{\lambda_2'}{2} = \frac{c}{2f_2'} = \frac{3c}{2f_1} = 44{,}12\,\text{km} \tag{9.8}$$

$$\Delta\varrho > \frac{\lambda_3'}{2} = \frac{c}{2f_3'} = \frac{9c}{2f_1} = 132{,}74\,\text{km} \tag{9.9}$$

Ist die Eindeutigkeit bei der Grobortung erkannt, so kann mit der Feinortung die Standortbestimmung vorgenommen werden. Die Standliniengenauigkeit ist mit der Genauigkeit der gemessenen Phasendifferenzwerte identisch.

Das System OMEGA ist mit seinen 8 Bodenstationen (Tabelle 9.1) eine erdumfassendes Hyperbelortungssystem. Durch Verwendung von VLF-Wellen wird eine große Reichweite erzielt und damit die Grundlage für eine globale Überdeckung geschaffen. Jeweils drei Sender, ein Hauptsender und zwei Nebensender, sind nach dem Phasendifferenzprinzip zur Positionsbestimmung eines Fahrzeugs erforderlich. Da alle Bodenstationen synchron mit gleichen Frequenzen arbeiten, ist zu ihrer Identifizierung ein verbindlicher Zeitmultiplexbetrieb im Arbeitstakt von genau 10,0 s (Tabelle 9.1) festgelegt worden.

Tabelle 9.1: Signalschema der OMEGA-Bodenstation [127]

	Dauer der einzelnen Sendeintervalle (Sekunden)											
	0,9	1,0	1,1	1,2	1,1	0,9	1,2	1,0	0,9	1,0	1,1	1,2
Bodenstellen	Von den Bodenstellen abgestrahlte Trägerfrequenzen f_1 = 10,2 kHz, f_2 = 13,6 kHz, f_3 = 11,33 kHz											
Norwegen	f_1	f_2	f_3						f_1	f_2	f_3	
Trinidad		f_1	f_2	f_3						f_1	f_2	f_3
Hawai			f_1	f_2	f_3						f_1	f_2
USA				f_1	f_2	f_3						f_1
Madagaskar					f_1	f_2	f_3					
Argentinien						f_1	f_2	f_3				
Australien	f_3						f_1	f_2	f_3			
Japan	f_2	f_3						f_1	f_2	f_3		

Bei der Ausbreitung von VLF-Wellen kann nicht eindeutig zwischen Boden- und Raumwellenausbreitung unterschieden werden. Man verwendet deshalb ein Hohlleitermodell mit zwei Kugelschalen. Die eine Wandung des fiktiven Hohlleiters wird von der Erdoberfläche gebildet, die andere ist die D-Schicht der Ionosphäre (s. Abschnitt 2.3.2). In dem von diesen beiden Grenzflächen umschlossenen Raum können sich TM (*Transverse Magnetic*) Wellen mit einer mittleren Phasengeschwindigkeit von

$$v_p = 3{,}00754 \cdot 10^8 \, \mathrm{ms}^{-1} > c \tag{9.10}$$

ausbilden. Die Phasendifferenzmessungen müssen demzufolge gegenüber der Lichtgeschwindigkeit c korrigiert werden.

OMEGA wird in der Seefahrt einschließlich der Unterwasserfahrt benutzt. VLF-Wellen lassen Ortungen unter Wasser (s. Anhang 4) zu. In der Luftfahrt kommt das OMEGA-Verfahren im Weitstreckenverkehr zum Einsatz und dient dort u.a. zur Stützung der verwendeten Trägheitsnavigation.

Ein weiterer Ausbau des OMEGA-Systems ist nicht vorgesehen. Auch bei steigendem Einsatz von GPS-NAVSTAR wird OMEGA als einziges weltweit operierendes bodengestütztes Navigationssystem bestehen bleiben.

9.4 LORAN

9.4.1 Systemvarianten

LORAN (*LOng RAnge Navigation*) bildet Navigationssysteme für große Entfernungen. Man unterscheidet bei LORAN folgende Systemvarianten

- LORAN-A [135,136,137,138,139]
- LORAN-C [136,137,138,140,141]
- LORAN-D [138,142].

9.4.2 LORAN-A

Das Hyperbelortungssystem LORAN-A arbeitet nach dem Laufzeitdifferenzprinzip mit impulsmodulierten Trägern im Frequenzbereich 1750 ... 1950 kHz (d.h. im oberen MF-Bereich).

Die Impulsdauer τ_p beträgt einheitlich 45 μs. Die Pulsfrequenzen f_p liegen im Bereich 20 ... 33,33 Hz.

Als Senderantennen werden Mastantennen der Höhe 30 ... 100 m benutzt (vertikal polarisierte Abstrahlung mit horizontaler Rundstrahlung).

Ein Bodenstationspaar (Bild 9.6) besteht aus einer Hauptstation M und einer Nebenstation S. Der Abstand D (Basisstrecke) zwischen den beiden Stationen liegt bei mehreren 100 km.

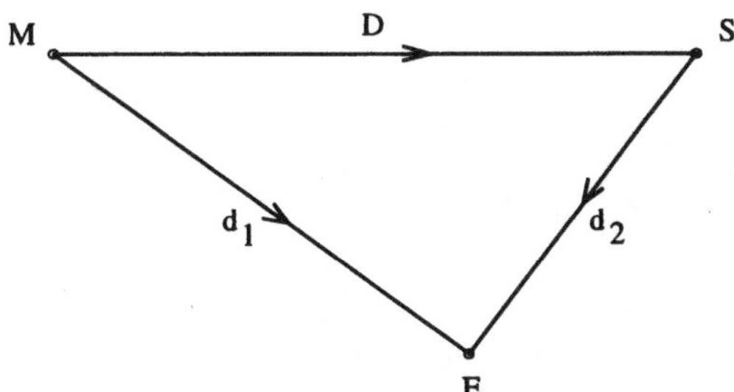

Bild 9.6: Laufzeitdreieck eines LORAN-A Bodenstationspaares;
M = Hauptsender, S = Nebensender, E = Empfänger des Fahrzeugs

Die Hauptstation sendet Impulse aus, die nach der Laufzeit D/c die Nebenstation und nach der Laufzeit d_1/c den Empfänger des Fahrzeugs erreichen. Von der Nebenstation werden die empfangenen Impulssignale der Hauptstation um $t_{CD} = 500 \ldots 1000$ µs (*Code Delay*) verzögert und anschließend wieder abgestrahlt.

Die konstante Zeitverzögerung eines Nebnsenders ermöglicht im Bordempfänger eine eindeutige Zuordnung der empfangenen Impulssignale zum Haupt- bzw. Nebensender.

Im Bordempfänger wird nach Bild 9.5 die Laufzeitdifferenz

$$\Delta t = \frac{1}{c}(D + d_2 - d_1) + t_{CD} \tag{9.11}$$

gemessen.

Für ein bestimmtes Bodenstationspaar ist die Zeit

$$\frac{D}{c} + t_{CD} = k = \text{const} \tag{9.12}$$

Aus den Beziehungen (9.11) und (9.12) folgt:

$$\Delta t' = \Delta t - k = \frac{d_2 - d_1}{c} \tag{9.13}$$

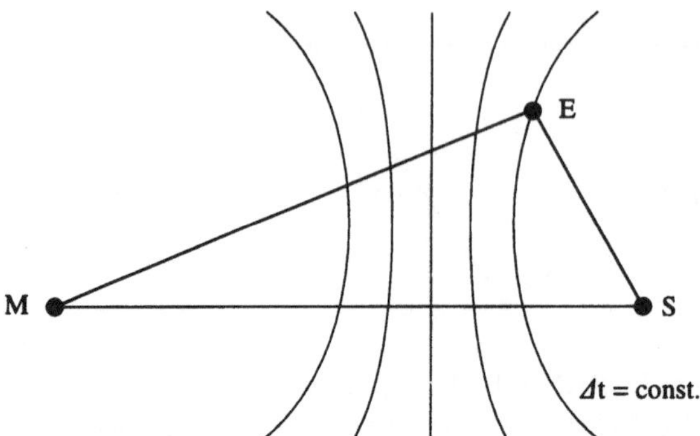

Bild 9.7: Hyperbelschar von LORAN-A

Somit gibt die Laufzeit $\Delta t'$ eine Hyperbel an; die Vielzahl der möglichen Werte der Laufzeitdifferenzen $\Delta t'$ führt zu einer konfokalen Hyperbelschar (Bild 9.6), deren Brennpunkte M und S die beiden Bodenstationen sind.

Zur Standortbestimmung mit LORAN-A sind mindestens zwei Stationspaare erforderlich. In der Praxis werden meistens mehr als zwei zusammenarbeitende Stationspaare zu einer LORAN-A Kette zusammengefaßt. Für die Ortung wird nach Möglichkeit die Bodenwelle verwendet. Tritt die Boden- und Raumwelle gemischt auf, z. B. Hauptsender als Bodenwelle und Nebensender als Raumwelle, so sind Korrekturen erforderlich. Ist die Bodenwelle für alle Stationen in großen Entfernungen abgeklungen, so muß die allein auftretende Raumwelle ebenfalls bei der Auswertung korrigiert werden. Die Raumwelle hat bei 2 MHz nachts über Land und See eine maximale Reichweite von 2500 km.

Die Unsicherheit der Ionosphärenausbreitung bei 2 MHz führte ab dem Jahre 1957 zum Aufbau des Systems LORAN-C.

9.4.3 LORAN-C

Das System LORAN-C ist eine Weiterentwicklung des Systems LORAN-A. Um eine größere Reichweite der Bodenwelle zu erzielen (s. Abschnitt 2.2), wird bei diesem Verfahren die niedrigere Trägerfrequenz 100 kHz gewählt. Der Abstand zwischen Haupt- und Nebenstation kann dadurch auf 1000 ... 1500 km erhöht werden. Als Senderantennen verwendet man Mastantenen der Höhe 200 ... 400 m.

Das Laufzeitdifferenzprinzip, wie es beim System LORAN-A zur Anwendung kommt, hat den Vorteil der Eindeutigkeit von Ortungsergebnissen.

Phasendifferenzverfahren (DECCA/OMEGA) sind gegenüber einem Laufzeitmeßverfahren genauer, haben aber den Nachteil der Vieldeutigkeit. Bei dem System LORAN-C wird das Laufzeitdifferenzprinzip zur Grobortung und das Phasendifferenzprinzip zur Feinortung verwendet.

Eine LORAN-C Kette besteht aus einer Hauptstation M und zwei bis vier Nebenstationen $S_{1...4}$. Die Nebensender werden vom Hauptsender synchronisiert. Statt periodischer Folgen von RF-Einzelimpulsen wie bei LORAN-A werden bei LORAN-C periodische Folgen von RF-Impulsgruppen abgestrahlt (Bild 9.7).

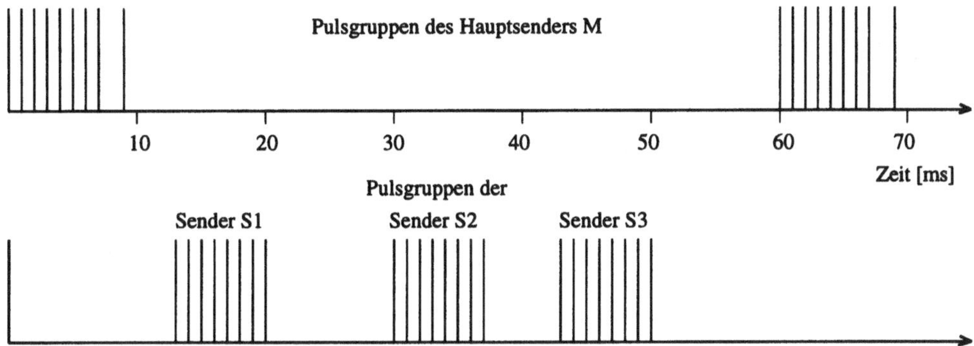

Bild 9.8: Signalformat bei LORAN-C [136]

Bei LORAN-C findet wie bei LORAN-A die Abstrahlung der Impulsgruppen von den Nebenstationen erst nach Eintreffen der Impulse der Hauptstation mit einer Verzögerungszeit t_{CD} statt (s. Bild 9.5).

Jeder Einzelimpuls einer Impulsgruppe von einer Haupt- oder Nebenstation ist bezüglich seiner RF-Schwingungen phasengleich zu einer Referenzschwingung, so daß eine einfache Phasencodierung möglich ist. So können die 9 Impulse der Hauptstation z.B. folgendermaßen codiert werden:

$$+ + - - + - + - + \qquad (9.14)$$

mit

+ = Impulsträgerschwingung ist in Phase mit der Bezugsschwingung

– = Impulsträgerschwingung ist in Gegenphase mit der Bezugsschwingung

Durch die Pulsverzögerung bei den Nebenstationen und die Codierung aller Impulsgruppen einer LORAN-C Kette ist im Bordempfänger eine sichere Identifizierung aller Bodenstationen und damit die Grob- und Feinortung eines Fahrzeugs gesichert.

Zur Zeit gibt es 33 LORAN-C Ketten mit insgesamt 127 Stationen.

Das LORAN-C System wird heutzutage vorwiegend in der Seefahrt benutzt. Ein weiterer Ausbau des Systems ist nicht vorgesehen.

9.4.4 LORAN-D

LORAN-D ist ein modifiziertes LORAN-C System, das die gleiche Trägerfrequenz von 100 kHz aufweist. Die Impulsgruppe einer Nebenstation besteht aus 16 Einzelimpulsen mit verstärkter Phasencodierung. Die Mobilität von LORAN-D Bodenstationen verlangt die Verwendung von niedrigeren Mastantennen mit Dachkapazität, die maximal eine Höhe von 100 m haben dürfen. LORAN-C- und LORAN-D-Bordempfänger sind kompatibel.

Das LORAN-D System wird für militärische taktische Einsätze geringer Reichweite verwendet.

10 CONSOL-Funkfeuer

10.1 Einleitung

Das Funkortungssystem CONSOL ist ein Hyperbelortungssystem mit einer relativ kleinen Antennenbasis (Fokusabstand) von ca. 6λ (Bild 10.1). Hyperbeln mit diesem Fokusabstand gehen bei Entfernungen von ca 20λ vom Mittelpunkt in ihre Asymptoten über, d.h. aus Hyperbelstandlinien werden Geraden. Da diese Standlinien periodisch elektrisch gedreht werden, spricht man auch von einem Drehfunkfeuer.

CONSOL-Stationen arbeiten im Frequenzbereich 190 ... 450 kHz mit den Wellenlängen $\lambda = 720 \ldots 1580$ m.

10.2 Prinzip

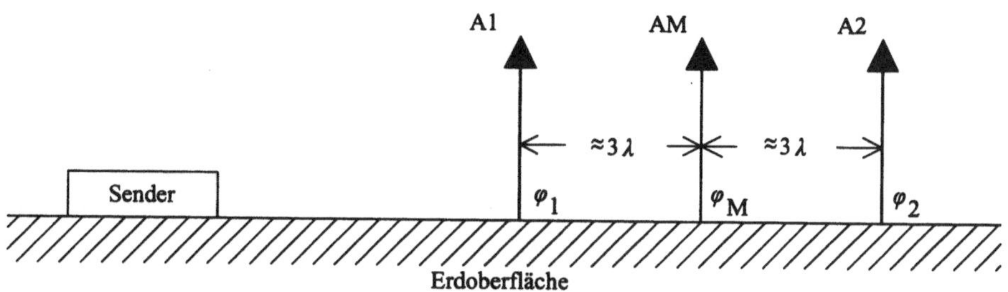

Bild 10.1: Funktionsschema einer CONSOL-Station;

$\varphi_1 = \varphi_M \pm 90° + \Delta\varphi(t)$ = Phase der Antenne A_1

$\varphi_2 = \varphi_M \mp 90° - \Delta\varphi(t)$ = Phase der Antenne A_2

Eine CONSOL-Station verwendet drei hintereinander auf einer Geraden angeordnete Mastantennen der Höhe von ca. 100 m (Bild 10.1). Die Antennen werden gemeinsam von einem Sender gespeist. Durch elektrisches Umtasten der äußeren Antennen A_1 und A_2 (Bild 10.2) bilden sich im Fernbereich > 20λ Sektoren, die entweder mit 60 Strichen/Minute oder 60 Punkten/Minute moduliert sind. Die Sektoren haben im Durchschnitt eine Breite von 15° und werden durch Dauertonkennlinien getrennt.

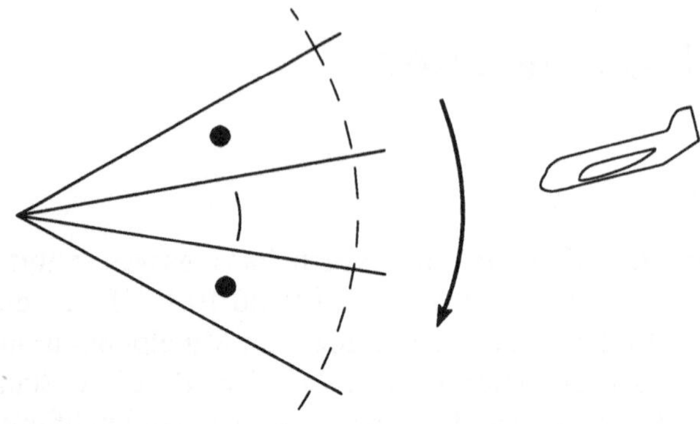

Bild 10.2: CONSOL-Sektoren

Die Drehung der Sektoren erfolgt durch langsame Phasenänderung $\Delta\varphi(t)$ der äußeren Antennen.

10.3 Peilung

Die Peilung einer CONSOL-Station erfolgt durch Abzählen der Punkte und Striche während einer Sektorendrehung. Prinzipiell genügt hierfür ein einfacher Bordempfänger mit Kopfhörer und einer CONSOL-Karte. Tagsüber wird wegen der dämpfenden D-Schicht nur die Bodenwelle empfangen (s. Abschnitt 2.3.2). Nachts tritt im Entfernungsbereich 400 bis 800 km sowohl die Bodenwelle als auch die Raumwelle auf. Dies führt zu einer erheblichen Fehlerrate bei der Abzählung der Punkte und Striche.

Mit einem Watson-Watt-Kreuzrahmenpeiler wurde ein Springen der Peilanzeige während der Umtastung beobachtet [147].

Mit zwei CONSOL-Stationen kann nach dem bekannten Schnittpunktverfahren auch eine Eigenortung durchgeführt werden.

10.4 Ausblick

Das CONSOL-Verfahren wird nur noch in der Seefahrt in größerem Umfang benutzt. Ein Ausbau der in Nordeuropa und im nordatlantischen Bereich befindlichen Bodenstationen ist nicht vorgesehen.

11 Satellitengestützte Funkortung

11.1 Einleitung

Künstliche Erdsatelliten (kurz *Satelliten*) sind Raumflugkörper, die sich ohne Antrieb um die Erde bewegen. Sie sind u.a. mit funktechnischem Gerät ausgerüstet.

Es wird unterschieden zwischen:

- Nachrichtensatelliten
- Navigationssatelliten
- Aufklärungssatelliten
- Wettersatelliten
- Erderkundungssatelliten.

Für die Ortung und Navigation stehen nur die NSS (*Navigation Satellite System*)-Verfahren zur Diskussion. Mit ihnen wird eine globale Eigenortung von Fahrzeugen jeglicher Art angestrebt.

Nach Erläuterung der Satellitenbahnen werden an dieser Stelle folgende Verfahren beschrieben:

- TRANSIT-NNSS [148, 149]
- GPS-NAVSTAR [149, 150, 151, 152, 153, 154, 155].

11.2 Satellitenbahnen

Satelliten bewegen sich in guter Näherung auf elliptischen oder kreisförmigen Bahnen. Der eine Brennpunkt der Ellipse bzw. der Mittelpunkt des Kreises fällt mit dem Erdmittelpunkt zusammen.

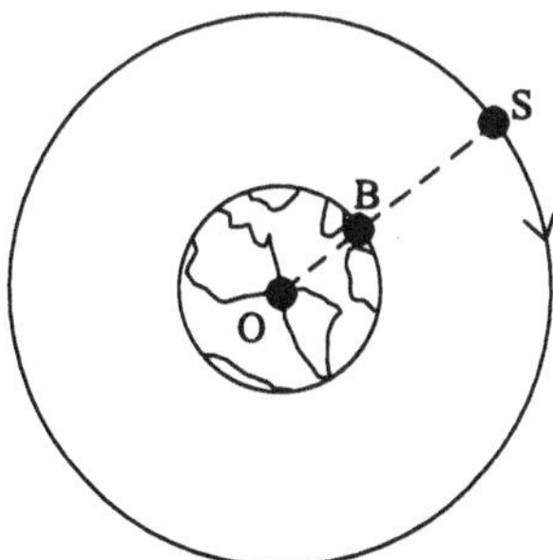

Bild 11.1: Satellit S auf einer Kreisbahn;
B = Satellitenbildpunkt, O-Erdmittelpunkt,
$OB = R_E$ = Erdradius, $BS = H_S$ = Bahnhöhe

Der geometrische Ort aller Bildpunkte B (Bild 11.1) ist die Spur des Satelliten auf der Erdoberfläche.

Für eine Satellitenkreisbewegung um die Erde gilt (Bild 11.1):

$$m_S \, \omega_S^2 (R_E + H_S) = \frac{f \, m_S m_E}{(R_E + H_S)^2} \quad \text{(Zentrifugalkraft = Erdanziehung)} \qquad (11.1)$$

mit

m_S = Masse des Satelliten

$m_E = 5{,}98 \cdot 10^{24}$ kg = Masse der Erde

ω_S = Winkelgeschwindigkeit des Satelliten

$R_E = 6367{,}65$ km = mittlerer Erdradius

H_S = Bahnhöhe des Satelliten

$f = 6{,}668 \cdot 10^{-11}\ \mathrm{m^3\,kg^{-1}\,s^{-2}}$ = Gravitationskonstante.

Aus der Gleichung (11.1) folgt die Beziehung:

$$\frac{(R_E + H_S)^3}{T_S^{\,2}} = K_S \qquad (11.2)$$

mit

$$T_S = \frac{2\pi}{\omega_S} = \text{Umlaufzeit eines Satelliten auf einer Kreisbahn}$$

$$K_S = \frac{f m_E}{4\pi^2} = 1{,}011 \cdot 10^{13}\,\mathrm{m^2 s^{-2}} = \text{Satellitenkreisbewegungskonstante.}$$

Aufgabe 11.1: *Berechnen Sie die Höhe eines geostationären Satelliten*

Lösung: *Gemäß Gl. (11.2) beträgt*

$$H_S = \sqrt{K_S \cdot T_S^{\,2}} - R_E = 35\,815{,}03 \text{ km} \qquad (11.3)$$

mit (s. Abschnitt 1.3)

$T_S = 86\,164$ s

$R_E = 6\,367{,}65$ km.

11.3 TRANSIT

Das System TRANSIT-NNSS (*Nave Navigation Satellite System*) wurde für militärische Aufgaben entwickelt, aber im Jahre 1967 für die internationale Nutzung freigegeben. Es besteht aus fünf tieffliegenden Satelliten, die in quasi kreisförmigen polaren Bahnen in der Höhe von

1070 ... 1100 km

die Erde umlaufen.

Stellt man die Gleichung (11.2) nach T_S um, so ergeben sich folgende Umlaufzeiten für die Satelliten:

$$T_S = \sqrt{\frac{(R_E + H_S)^3}{K_S}} = 107...108\,\text{min} \; . \tag{11.4}$$

Damit umkreist jeder Satellit des TRANSIT-Systems die Erde ca. 13 mal pro Tag.

Die Satelliten strahlen je zwei Träger mit den Frequenzen

399,968 MHz und 149,988 MHz

aus. Die Strahlungsleistung beträgt für die höhere Frequenz 2 oder 5 W und für die niedrigere Frequenz 1 oder 3 W.

Die Abstrahlung erfolgt zirkular polarisiert.

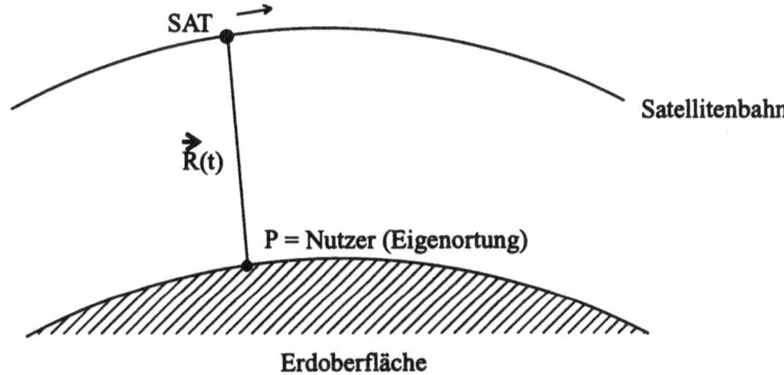

Bild 11.2: Erläuterung zum TRANSIT-Meßprinzip

Gelangt ein Transit-Satellit in den Sichtbereich des Nutzers, so wird der zeitliche Verlauf der Dopplerfrequenz von seinem Empfänger gemessen. Die Dopplerfrequenz beträgt:

$$f_D(t) = f_S \cdot \frac{\dot{R}(t)}{c} \tag{11.5}$$

mit

f_S = Trägerfrequenz des Satelliten

$R(t)$ = parametrische Beschreibung der Satellitenbahn.

Für $t = t_P$ (Zeitpunkt der minimalen Entfernung des Satelliten vom Nutzer) ist

$$\dot{R}(t_p) = 0 \; . \tag{11.6}$$

Aus $R(t_P)$ ermittelt der Bordcomputer (Teil der Empfangsanlage) den aktuellen Standort des Nutzers.

Durch die frequenzabhängige Brechzahl *n* (in der Ionosphäre und Troposphäre) verläuft die Wellenausbreitung vom Satelliten zum Nutzer nicht geradlinig, so daß die Ortsbestimmung eines Nutzers fehlerbehaftet ist. Mit der gleichzeitigen Messung von zwei Trägerfrequenzen in einem Zweikanalempfänger versucht man, durch gesetzmäßig angenommene Frequenzabhängigkeit der Brechzahl *n* diesen Fehler zu korrigieren.

Eine zweidimensionale Standortbestimmung (Satellitenbildpunkte auf der Erdoberfläche) ist in jedem Punkt der Erde mit einem der fünf Satelliten möglich. Das Entfernungsauflösungsvermögen bei stationären Nutzern beträgt ca. 100 m.

Für mobile Fahrzeuge gilt das Gleiche, wenn die Eigengeschwindigkeit des Nutzers bekannt ist. Ein TRANSIT-Satellit steht jeweils ca. 10 Minuten für eine Ortung zur Verfügung. Diese Zeitspanne wird in etwa für eine Eigenortung benötigt. Der Zeitabstand zur nächsten Ortung beträgt ca. 1,5 Stunden. Dies hat zur Folge, daß das Verfahren nur für die Seefahrt und für Standortbestimmungen von Landfahrzeugen geeignet ist.

11.4 GPS

Das System GPS-NAVSTAR (*Global Positioning System, NAVigation System with Time And Ranging*) wurde ursprünglich (im Jahre 1978) von den USA für militärische Zwecke konzipiert.

Seit 1988 begann jedoch die weltweite Nutzung des Systems, obwohl der Vollausbau noch nicht erreicht war.

GPS wird in seiner endgültigen Form über 24 NAVSTAR-Satelliten (*Weltraumsegment*) verfügen. Diese umkreisen auf 6 quasi kreisförmigen Bahnen mit maximal je 4 Satelliten in 20 169 km Höhe die Erde in 11 Stunden und 58 Minuten.

In nahezu 24 Stunden erscheint damit derselbe Satellit über dem gleichen Punkt der Erde. Die Satellitenbahnen sind so ausgewählt worden, daß an jedem Punkt der Erde zu jeder Tageszeit mindestens 4 Satelliten nutzbar sind.

Jeder GPS-Satellit sendet auf den Frequenzen:

L1 = 1575,42 MHz

L2 = 1227,60 MHz.

Die Ausstrahlung erfolgt durch eine Antenne mit angenäherter Rundstrahlcharakteristik. Für die Entfernungsmessung wird das Einwegverfahren benutzt (Bild 11.3).

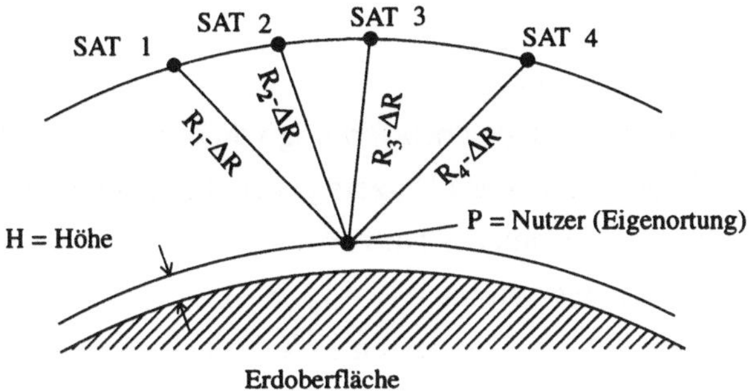

Bild 11.3: Entfernungsmeßschema von GPS

Das Meßsignal wird im Satelliten erzeugt, ausgestrahlt und nach Durchlaufen der zu messenden Strecke vom Empfänger des Nutzers aufgenommen und verarbeitet. Dabei wird die Laufzeit zwischen dem Zeitpunkt der Ausstrahlung des Meßsignals im Satelliten und der Ankunft beim Nutzer gemessen. Zur Zeitmessung dienen Uhren in den Satelliten und im Empfänger des Nutzers. Das Einwegverfahren setzt voraus, daß alle Uhren mit großer Genauigkeit synchron laufen.

Die für die Entfernungsmessung erforderlichen Signale bestehen aus *Codesequenzen*, die den Trägern als Phasenumtastung aufmoduliert werden. Jeder Satellit des GPS-Systems hat eigene spezifische *Codesequenzen*. Damit hat der Nutzer die Möglichkeit, die gewünschten Satelliten selbst auszuwählen.

Zur Bestimmung von drei Standortkoordinaten (x_P, y_P, z_P) des Nutzers sind drei Entfernungsmessungen erforderlich.

Eine vierte Entfernungsmessung ist notwendig, um die Abweichung der Uhrzeit zwischen Satellit und Empfänger zu berücksichtigen.

Die vier Entfernungsmessungen führen zu folgendem Gleichungssystem:

$$R_1 = \left[\left(x_p - x_1\right)^2 + \left(y_p - y_1\right)^2 + \left(z_p - z_1\right)^2\right]^{\frac{1}{2}} + \Delta R \tag{11.7a}$$

$$R_2 = \left[\left(x_p - x_2\right)^2 + \left(y_p - y_2\right)^2 + \left(z_p - z_2\right)^2\right]^{\frac{1}{2}} + \Delta R \tag{11.7b}$$

$$R_3 = \left[\left(x_p - x_3\right)^2 + \left(y_p - y_3\right)^2 + \left(z_p - z_3\right)^2\right]^{\frac{1}{2}} + \Delta R \tag{11.7c}$$

$$R_4 = \left[\left(x_p - x_4\right)^2 + \left(y_p - y_4\right)^2 + \left(z_p - z_4\right)^2\right]^{\frac{1}{2}} + \Delta R \tag{11.7d}$$

$$\Delta R = c \cdot T \tag{11.7e}$$

mit

$R_{1...4}$ = Pseudoentfernungen

ΔR = Abweichung der Pseudoentfernung von der wahren Entfernung

T = Uhrzeitabweichung des Nutzers gegenüber dem Satelliten

x_P, y_P, z_P = Standortkoordinaten des Nutzers

x_i, y_i, z_i = Koordinaten des Satelliten (i = 1,2,3,4).

Aus dem Gleichungssystem (11.7 a ... e) lassen sich die vier Unbekannten x_P, y_P, z_P und T berechnen.

Unabhängig von der Standortbestimmung kann der Nutzer Betrag und Richtung seiner Geschwindigkeit bestimmen.

Dazu werden die Dopplerfrequenzen gemessen, die durch die Relativbewegung des Nutzers gegenüber dem Satelliten entstehen.

Das System GPS-NAVSTAR hat sowohl im militärischen als auch im zivilen Bereich (Land-, Luft- und Seefahrt) ein breites Anwendungsspektrum

Im militärischen Sektor werden die Träger L1 und L2 mit dem P (*Protector*)-Code aufmoduliert. Dadurch können in Analogie zum TRANSIT-Verfahren Ionosphären- und Troposphärenstörungen korrigiert werden. Das Entfernungsauflösungsvermögen beträgt ca. 1 m.

Im zivilen Sektor darf nur der Träger L1 mit dem C/A (*Clear Acquisition*)-Code verwendet werden. Das Entfernungsauflösungsvermögen verschlechtert sich dadurch um den Faktor 10.

Anhang

A.1 Trägheitsnavigation

Ein autonomes Trägheitsnavigationssystem INS (*Inertial Navigation System*) beruht auf dem Grundgedanken, die auf ein Fahrzeug einwirkende Beschleunigung $\vec{a}$ zu messen und durch zeitliche Integration dieser Größe die Geschwindigkeit $\vec{v}$ und den zurückgelegten Weg $\vec{s}$ des Fahrzeugs zu bestimmen [156, 157, 158, 159, 160, 161, 162].

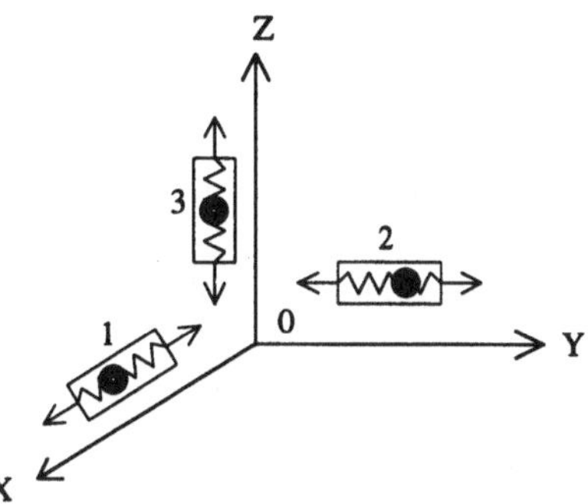

Bild A.1: Trägheitsnavigation (schematisch) im kartesischen Koordinatensystem mit drei zugeordneten Beschleunigungsmeßfühlern (1,2,3)

Zum Zwecke der Navigation (Bild A.1) werden erdfeste oder fixsternfeste kartesische Koordinatensysteme zu Grunde gelegt. Die Beschleunigungsfühler (1,2,3) werden entweder auf einer von den Fahrzeugbewegungen entkoppelten kreiselstabilisierten Plattform angebracht und in die gewünschten Koordinatenachsen (z.B. x = NS, y = OW) ausgerichtet oder fahrzeugfest eingebaut.

Ein Rechner bewerkstelligt die notwendige Koordinatentransformation zwischen den Fahrzeugachsen und dem Bezugssystem.

Das Gleichungssystem für die Trägheitsnavigation lautet:

$$\vec{a} = a_x \cdot \vec{e}_x + a_y \cdot \vec{e}_y + a_z \cdot \vec{e}_z \tag{A.1a}$$

$$\vec{v} = v_x \cdot \vec{e}_x + v_y \cdot \vec{e}_y + v_z \cdot \vec{e}_z \tag{A.1b}$$

$$\vec{s} = s_x \cdot \vec{e}_x + s_y \cdot \vec{e}_y + s_z \cdot \vec{e}_z \tag{A.1c}$$

mit der 1. Integrationsstufe

$$v_x = \int a_x \mathrm{dt} \tag{A.1d}$$

$$v_y = \int a_y \mathrm{dt} \tag{A.1e}$$

$$v_z = \int a_z \mathrm{dt} \tag{A.1f}$$

und der 2. Integrationsstufe

$$s_x = \int v_x \mathrm{dt} \tag{A.1g}$$

$$s_y = \int v_y \mathrm{dt} \tag{A.1h}$$

$$s_z = \int v_z \mathrm{dt}\ . \tag{A.1i}$$

Auf Grund des Gleichungssystems (A.1a ... A.1i) könnte man annehmen, daß die Trägheitsnavigation eine ideale Lösung für alle Navigationsprobleme bei Raketen, Flugzeugen, Schiffen und Landfahrzeugen darstellt. Dies ist aber nicht der Fall, da die Bausteine eines Trägheitsnavigationssystems erhebliche Fehler aufweisen. Dazu gehören:

- Kreiseldrift
- Fehler bei der Koordinateneingabe
- Nullpunktsfehler der Beschleunigungsfühler u.s.w.

Zum erfolgreichen Einsatz von INS ist deshalb ein Eingriff in die Meßvorgänge des Verfahrens mit funktechnischen Mitteln erforderlich.

In der Luftfahrt bieten sich dafür z.B. die OMEGA-, GPS-, VOR-, DME- und Doppler-Navigationssysteme an.

A.2 Kenngrößen elektromagnetischer Stoffsysteme

A.2.1 Klassifizierung von Stoffsystemen

Das elektromagnetische Verhalten von homogenen oder quasihomogenen isotropen Medien führt zu folgender Systemqualifizierung [163, 164, 165]:

- verlustfreie Medien
- Medien mit dielektrischen Verlusten [166, 167, 168]
- Medien mit dielektrischen und magnetischen Verlusten [169, 170]
- Plasmen [164, 171].

A.2.2 Stoffkonstantenbeschreibung

Die komplexe Dielektrizitätszahl $\underline{\varepsilon}_r$ und die komplexe Permeabilitätszahl $\underline{\mu}_r$ werden als frequenzabhängige Größen eines Stoffsystems folgendermaßen angegeben:

$$\underline{\varepsilon}_r = \varepsilon_r' - j\varepsilon_r'' = \varepsilon_r'\sqrt{1+\tan^2(\delta_\varepsilon)}\cdot\exp(-j\delta_\varepsilon) \tag{A.2}$$

$$\underline{\mu}_r = \mu_r' - j\mu_r'' = \mu_r'\sqrt{1+\tan^2(\delta_\mu)}\cdot\exp(-j\delta_\mu) \tag{A.3}$$

mit

ε_r' = Realteil der komplexen Dielektrizitätszahl

ε_r'' = Imaginärteil der komplexen Dielektrizitätszahl

μ_r' = Realteil der komplexen Permeabilitätszahl

μ_r'' = Imaginärteil der komplexen Permeabilitätszahl

$\tan(\delta_\varepsilon) = \dfrac{\varepsilon_r''}{\varepsilon_r'}$ = dielektrischer Verlusttangens

$\tan(\delta_\mu) = \dfrac{\mu_r''}{\mu_r'}$ = magnetischer Verlusttangens.

Die komplexen Stoffkonstanten ($\underline{\varepsilon}_r$, $\underline{\mu}_r$) können auch folgendermaßen beschrieben werden:

$$\sqrt{\underline{\varepsilon}_r \cdot \underline{\mu}_r} = n - jk \tag{A.4}$$

mit

n = Brechungsindex

k = Absorptionskoeffizient.

Setzt man die Gleichungen (A.2) und (A.3) in die Gleichung (A.4) ein, so erhält man die Beziehung:

$$n - jk = B_{\varepsilon,\mu}\cdot\exp\left[-j\left(\frac{\delta_\varepsilon+\delta_\mu}{2}\right)\right] \tag{A.5}$$

mit

$$B_{\varepsilon,\mu} = \sqrt{\varepsilon_r'\cdot\mu_r'}\cdot\sqrt[4]{1+\tan^2(\delta_\varepsilon)}\cdot\sqrt[4]{1+\tan^2(\delta_\mu)} \tag{A.6}$$

$$n = B_{\varepsilon,\mu}\cdot\cos\left(\frac{\delta_\varepsilon+\delta_\mu}{2}\right) \tag{A.7}$$

$$k = B_{\varepsilon,\mu}\cdot\sin\left(\frac{\delta_\varepsilon+\delta_\mu}{2}\right). \tag{A.8}$$

Für verlustfreie Stoffsysteme ($\delta_\varepsilon = \delta_\mu = 0$) gilt die Gleichung:

$$n = \sqrt{\varepsilon_r \cdot \mu_r}\ ,\ k = 0\ . \tag{A.9}$$

A.2.3 Ebene Welle in einem unbegrenzten verlustbehafteten Medium

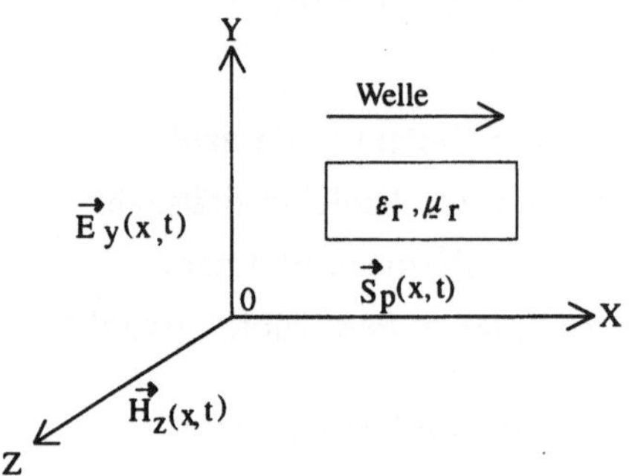

Bild A.2: Schematische Darstellung einer linear polarisierten ebenen Welle in einem verlustbehafteten Medium;

$\vec{E}_y(x,t)$ = elektrische Feldstärke,

$\vec{H}_z(x,t)$ = magnetische Feldstärke,

$\vec{S}_p(x,t) = \vec{E}_y(x,t) \times \vec{H}_z(x,t)$ = Poynting-Vektor

Zur Vereinfachung der Darstellung wird eine linear polarisierte Welle gewählt (Bild A.2).

In komplexer Form wird in diesem Falle die Ausbreitung des E-Feldes folgendermaßen beschrieben:

$$\underline{E}_y(x,t) = \hat{E}_y(0) \cdot \exp\left[j\omega \left(t - \frac{x}{\underline{v}_p} \right) \right] \tag{A.10}$$

mit

$\hat{E}_y(0)$ = Amplitude der elektrischen Feldstärke an der Stelle $x = 0$

$$\underline{v}_p = \frac{c}{\sqrt{\underline{\varepsilon}_r \cdot \underline{\mu}_r}} = \frac{c}{(n - jk)} = \text{komplexe Phasengeschwindigkeit.} \tag{A.11}$$

Setzt man die Gl. (A.11) in die Gl. (A.10) ein, so erhält man die Beziehung:

$$\underline{E}_y(x,t) = \hat{E}_y(0) \cdot \exp(-\alpha x) \cdot \exp(-j\beta x) \cdot \exp(j\omega t) \tag{A.12}$$

mit

$$\alpha = \frac{\omega \cdot k}{c} = \frac{2\pi}{\lambda} \cdot k = \text{Dämpfungskonstante} \tag{A.13}$$

$$\beta = \frac{\omega \cdot n}{c} = \frac{2\pi}{\lambda} \cdot n = \text{Phasenkonstante} \tag{A.14}$$

(λ = Luftwellenlänge).

Zwischen den Größen n und k besteht der Zusammenhang:

$$k = n \cdot \varkappa \qquad \text{f(A.15)}$$

mit

$\varkappa$ = Absorptionsindex.

Die komplexe Fortpflanzungskonstante $\underline{\gamma}$ setzt sich aus α und β folgendermaßen zusammen:

$$\underline{\gamma} = \alpha + j\beta = \frac{j\omega}{\underline{v}_p} \; . \tag{A.16}$$

Aus α und β ergeben sich die Eindringtiefe d_e und die Mediumwellenlänge λ_M:

$$d_e = \frac{1}{\alpha} = \frac{\lambda}{2\pi k} \tag{A.17}$$

$$\lambda_M = \frac{2\pi}{\beta} = \frac{\lambda}{n} \tag{A.18}$$

Die Eindringtiefe gibt den Abfall der Anfangsfeldamplitude $\hat{E}_Y(0)$ auf den Wert $\hat{E}_Y(0)/e$ im Medium an:

$$\hat{E}_Y(x = d_e) = \frac{\hat{E}_Y(0)}{e} \tag{A.19}$$

Die Kopplung des E-Feldes mit dem H-Feld wird durch den komplexen Feldwellenwiderstand

$$\underline{Z}_F = \frac{\underline{E}_Y(x,t)}{\underline{H}_Z(x,t)} = Z_{FO}\sqrt{\frac{\underline{\mu}_r}{\underline{\varepsilon}_r}} \tag{A.20}$$

mit

$$Z_{FO} = \sqrt{\frac{\mu_0}{\varepsilon_0}} = 120\pi\,\Omega = \text{Feldwellenwiderstand des freien Raums.}$$

beschrieben [172].

A.3 Kritische Frequenz, Grenzfrequenz und Dämpfungskonstante einer Ionosphärenschicht

A.3.1 Ionosphäre als Plasma

Die höheren Schichten der Atmosphäre [D, E, E_S, F (F_1, F_2)] (s. Abschnitt 2.32) bestehen aus Restgasen, die durch die UV- und Korpuskularstrahlung der Sonne ionisiert worden sind. Sie stellen dünne gasförmige homogene Plasmen dar, die aus freien Elektronen, positiven und negativen Ionen sowie aus neutralen Atomen und Molekülen bestehen. Ein Plasma ist elektrisch neutral, d.h. pro Volumeneinheit ist die Zahl der positiven Ladungen gleich der Zahl der negativen Ladungen.

A.3.2 Erste Maxwellsche Gleichung für ein Plasma

Für ein homogenes Gas mit der Leitfähigkeit σ und der Dielektrizitätszahl $\varepsilon_r = 1$ lautet bei Einfall von EM-Wellen die erste Maxwellsche Gleichung in komplexer Schreibweise [173]:

$$\operatorname{rot} \underline{\vec{H}} = \underbrace{\sigma \cdot \underline{\vec{E}}}_{\text{Leitungsstromdichte}} + \underbrace{\varepsilon_0 \frac{\partial \underline{\vec{E}}}{\partial t}}_{\text{Verschiebungsstromdichte}} \tag{A.21}$$

mit

$\underline{\vec{E}} = \underline{\hat{\vec{E}}} \cdot \exp(j\omega t) =$ elektrisches Feld

$\underline{\hat{\vec{E}}} =$ örtliche komplexe Vektoramplitude des elektrischen Feldes

$\underline{\vec{H}} = \underline{\hat{\vec{H}}} \cdot \exp(j\omega t) =$ magnetisches Feld

$\underline{\hat{\vec{H}}} =$ örtliche komplexe Vektoramplitude des magnetischen Feldes.

Zwischen $\underline{\vec{E}}$ und $\frac{\partial \underline{\vec{E}}}{\partial t}$ besteht der Zusammenhang:

$$\underline{\vec{E}} = \frac{1}{j\omega} \cdot \frac{\partial \underline{\vec{E}}}{\partial t} . \tag{A.22}$$

Durch Einsetzen der Gleichung (A.22) in die Gleichung (A.21) nimmt diese die Form an:

$$\operatorname{rot} \underline{\vec{H}} = \varepsilon_0 \left(1 - \frac{j\sigma}{\varepsilon_0 \omega} \right) \frac{\partial \underline{\vec{E}}}{\partial t} \tag{A.23}$$

Die Feldfrequenzen ω werden so groß angenommen, daß die schweren Ionen gegenüber den leichten Elektronen im elektrischen Wechselfeld als ruhend betrachtet werden können. Durch Zusammenstöße der Elektronen mit den restlichen geladenen und ungeladenen Teilchen eines Plasmas entstehen Reibungskräfte, welche die Elektronenbeweglichkeit einschränken.

Für das einzelne Elektron im Plasma gilt folglich im eingeschwungenen Zustand:

$$m_e \cdot \frac{\partial \underline{\vec{v}}}{\partial t} + \nu m_e \underline{\vec{v}} = -q\underline{\vec{E}} \tag{A.24}$$

mit

$\underline{\vec{v}} = \underline{\hat{\vec{v}}} \cdot \exp(j\omega t) =$ Driftgeschwindigkeit des Elektrons

$\underline{\hat{v}} =$ örtliche komplexe Vektoramplitude der Driftgeschwindigkeit des Elektrons

$m_e = 9{,}107 \cdot 10^{-31}$ kg = Masse des Elektrons

$q = 1{,}602 \cdot 10^{-19}$ As = Ladung des Elektrons

$\nu =$ mittlere Stoßfrequenz der Elektronen mit den restlichen Teilchen des Plasmas.

In Analogie zur Beziehung (A.22) besteht zwischen $\underline{\vec{v}}$ und $\frac{\partial \underline{\vec{v}}}{\partial t}$ der Zusammenhang:

$$\underline{\vec{v}} = \frac{1}{j\omega} \cdot \frac{\partial \underline{\vec{v}}}{\partial t} . \tag{A.25}$$

Die Driftgeschwindigkeit eines Elektrons folgt unmittelbar durch Einsetzen der Gleichung (A.25) in die Gleichung (A.24):

$$\underline{\vec{v}} = \frac{-q \cdot \underline{\vec{E}}}{m_e(j\omega + \nu)} . \tag{A.26}$$

Die komplexe Leitungsstromdichte $\underline{\vec{J}}_L$ beträgt somit:

$$\underline{\vec{J}}_L = -N q \underline{\vec{v}} = \underline{\sigma}\underline{\vec{E}} . \tag{A.27}$$

mit

$N =$ Elektronendichte im Plasma

$$\underline{\sigma} = \sigma' - j\sigma'' = \frac{Nq^2}{m_e(j\omega + \nu)} = \text{komplexe Leitfähigkeit} \tag{A.28}$$

$$\sigma' = \frac{Nq^2\nu}{m_e(\omega^2 + \nu^2)} = \text{Realteil der komplexen Leitfähigkeit} \tag{A.29}$$

$$\sigma'' = \frac{Nq^2\omega}{m_e\left(\omega^2+\nu^2\right)} = \text{Imaginärteil der komplexen Leitfähigkeit} \tag{A.30}$$

Der Inhalt der Klammer aus Gleichung (A.23) ist die komplexe Dielektrizitätszahl $\underline{\varepsilon}_r$ eines Plasmas mit der komplexen Leitfähigkeit $\underline{\sigma}$:

$$\varepsilon_\mathrm{r} = \varepsilon_\mathrm{r}' - j\varepsilon_\mathrm{r}'' = \left(1-\frac{j\underline{\sigma}}{\varepsilon_0\omega}\right) = \left(1-\frac{\sigma''}{\varepsilon_0\omega}\right) - \frac{j\sigma'}{\varepsilon_0\omega} \tag{A.31}$$

mit

$$\varepsilon_\mathrm{r}' = 1-\frac{\sigma''}{\varepsilon_0\omega} = 1-\frac{Nq^2}{\varepsilon_0 m_\mathrm{e}\left(\omega^2+\nu^2\right)} < 1 \tag{A.32}$$

$$\varepsilon_\mathrm{r}'' = \frac{\sigma'}{\varepsilon_0\omega} = \frac{Nq^2\nu}{\varepsilon_0 m_\mathrm{e}\omega\left(\omega^2+\nu^2\right)}. \tag{A.33}$$

Die für Plasmen kennzeichnende Eigenschaft

$$\varepsilon_\mathrm{r}' < 1 \tag{A.34}$$

beeinflußt entscheidend die Wellenausbreitung. Das kommt besonders stark zum Ausdruck, wenn

$$\omega >> \nu \tag{A.35}$$

ist.

Die Gleichungen (A.32) und (A.33) nehmen dann die folgenden Formen an:

$$\varepsilon_\mathrm{r}' = 1-\frac{Nq^2}{\varepsilon_0 m_\mathrm{e}\omega^2} \tag{A.36}$$

$$\varepsilon_\mathrm{r}'' = \frac{Nq^2\nu}{e_0 m_\mathrm{e}\omega^3} \tag{A.37}$$

mit

$$\tan(\delta_\varepsilon) = \frac{\varepsilon_\mathrm{r}''}{\varepsilon_\mathrm{r}'} << 1 . \tag{A.38}$$

A.3.3 Kritische Frequenz einer Ionosphärenschicht

Die Frequenz für $\varepsilon_r' = 0$ bezeichnet man als Plasmakreisfrequenz ω_p. Sie ist mit der kritischen Kreisfrequenz ω_c einer Ionosphärenschicht identisch.

Gemäß Gleichung (A.36) beträgt:

$$\omega_{\rm p} = \omega_{\rm c} = \sqrt{\frac{Nq^2}{\varepsilon_0 m_{\rm e}}} \quad (\omega_{\rm p} = 2\pi f_{\rm p}, \omega_{\rm c} 2\pi f_{\rm c})\,. \tag{A.39}$$

Mit der Einführung der Plasmafrequenz können die Gl. (A.36) und Gl. (A.37) folgendermaßen angegeben werden:

$$\varepsilon_{\rm r}' = 1 - \left(\frac{\omega_{\rm c}}{\omega}\right)^2 = 1 - \left(\frac{f_{\rm c}}{\rm f}\right)^2 \tag{A.40}$$

$$\varepsilon_{\rm r}'' = \frac{\omega_{\rm c}{}^2 \nu}{\omega^3} = \frac{f_{\rm c}^2 \nu}{2\pi f^3} \tag{A.41}$$

Für $\omega < \omega_{\rm c}$ ist $\varepsilon_{\rm r}' < 0$, d.h. die Ausbreitung der EM-Welle in der Ionosphärenschicht verläuft in diesem Falle aperiodisch gedämpft.

A.3.4 Grenzfrequenz einer Ionosphärenschicht

Setzt man die Gleichung (A.38) in die Gleichungen (A.6 ... A.8) ein, so folgen daraus für n und k ($\mu_{\rm r}$= 1) mit den Näherungen

$$\cos\left(\frac{\delta_{\rm e}}{2}\right) = 1 \quad \text{und} \quad \sin\left(\frac{\delta_{\rm e}}{2}\right) = \frac{\delta_{\rm e}}{2}$$

die Beziehungen:

$$n = \sqrt{\varepsilon_{\rm r}'} \tag{A.42}$$

$$k = \sqrt{\varepsilon_{\rm r}'} \cdot \frac{\delta_{\rm e}}{2}\,. \tag{A.43}$$

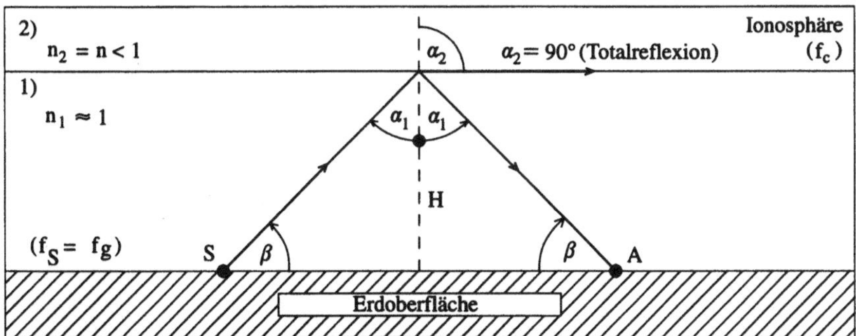

Bild A.3: Totalreflexion an einer Ionosphärenschicht

Da $k << n$ ist, gilt an der Ionosphärenschicht für die Grenzfrequenz $f_{\rm g}$ das Gesetz der Totalreflexion (Bild A.3):

$$\sin(\alpha_1) = \cos(\beta) = n \tag{A.44}$$

mit (s. Gl.(A.40) und Gl.(A.42))

$$n = \sqrt{1 - \left(\frac{f_c}{f_g}\right)^2} . \tag{A.45}$$

Aus den beiden letzten Gleichungen folgt unmittelbar die Beziehung:

$$f_g = \frac{f_c}{\sin(\beta)} . \tag{A.46}$$

A.3.5 Dämpfungskonstante einer Ionosphärenschicht

Aus den Beziehungen (A.38 ... A.43) erhält man für die Dämpfungskonstane α (s. Gl. (A.13)) den Ausdruck:

$$\alpha = 0.5 \left(\frac{f_c}{f}\right)^2 \cdot \frac{\nu}{v_g} \tag{A.47}$$

mit

$$v_g = c \sqrt{1 - \left(\frac{f_c}{f}\right)^2} \quad = \text{Gruppengeschwindigkeit im Plasma.} \tag{A.48}$$

A.4 Ausbreitung von VLF-Wellen in Seewasser

A.4.1 Dielektrisches Verhalten

Seewasser hat bei 20°C die Leitfähigkeit $\sigma = 1 \ldots 5\ \mathrm{Sm}^{-1}$

und die quasistatische Dielektrizitätszahl

$\varepsilon_{rst} = \varepsilon_r'(0) = 78 \ldots 70$.

Zwischen der Abnahme von ε_{rst} und der steigenden Leitfähigkeit σ besteht für 20°C folgender halbempirischer Zusammenhang:

$$\varepsilon_{rst} = 80{,}4 - K \cdot \sigma \tag{A.49}$$

mit

$$K = 2{,}1\ \mathrm{mS}^{-1} .$$

Die Abnahme von ε_{rst} ist durch die Hydratation (Umhüllung mit Wassermolekülen) der positiven und negativen Ionen in Seewasser-Lösung bedingt [174].

Für Frequenzen $f < 10^8$ Hz befindet sich Seewasser im Leitwertbereich [175, 176]:

$$\varepsilon_{rst} << \frac{\sigma}{\varepsilon_0 \omega} \ . \tag{A.50}$$

Die komplexe Dielektrizitätszahl ist demnach quasi imaginär:

$$\underline{\varepsilon}_r \approx -\frac{j\sigma}{\varepsilon_0 \omega} \tag{A.51}$$

mit

$$\tan(\delta_\varepsilon) = \frac{\sigma}{\varepsilon_0 \cdot \varepsilon_{rst} \cdot \omega} >> 1 \ . \tag{A.52}$$

Aus diesen Beziehungen folgt gemäß Gl.(A.6 ... A.8) mit $\underline{\mu}_r = 1$ und $\delta_\varepsilon \to \pi / 2$ der Zusammenhang:

$$n = k = \sqrt{\frac{\sigma}{2\varepsilon_0 \omega}} \ . \tag{A.53}$$

Für die Berechnungen der Eindringtiefe d_e und der Mediumwellenlänge λ_M gelten gemäß den Gleichungen (A.17) und (A.18) mit $c = 1/\sqrt{\varepsilon_0 \mu_0}$ die Formeln:

$$d_e = \frac{1}{\sqrt{\pi \cdot f \cdot \mu_0 \cdot \sigma}} \quad \text{(Skin-Tiefe)} \tag{A.54}$$

$$\lambda_M = 2\pi \cdot d_e \ . \tag{A.55}$$

Aufgabe A.1:

Berechnen Sie für $f = 10$ kHz *und* $\delta = 5\ Sm^{-1}$ *die Luftwellenlänge , den Brechnungsindex n , die Eindringtiefe* d_e *und die Mediumwellenlänge* λ_M.

Lösung:

$\lambda = 30\,000$ m

$n = 2120$

$d_e = 2{,}25$ m

$\lambda_M = 14{,}13$ m .

A.4.2 Grenzschicht *Luft / Seewasser*

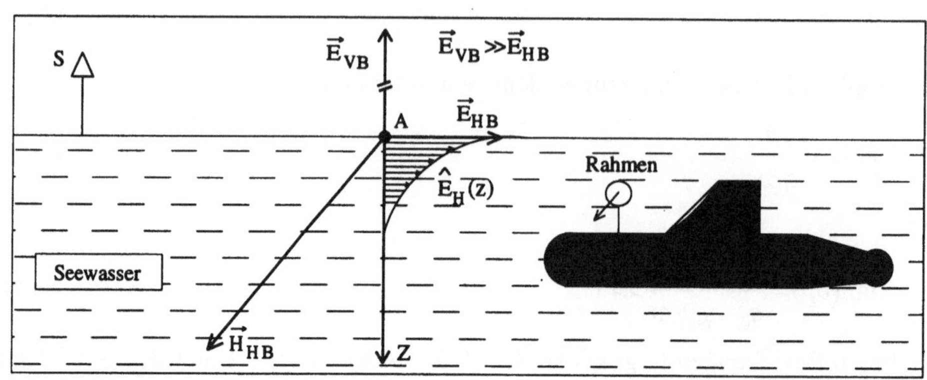

Bild A.4: Modell der VLF - Wellenausbreitung in Seewasser (schematisch)

Eine Besonderheit des VLF-Bereiches besteht darin, daß zwischen Boden- und Raumwellenausbreitung nicht mehr unterschieden werden kann. Eine VLF-Bodenstation (Bild A.4) erregt im sphärischen Wellenleiter (D-Schicht / Erdoberfläche) mehrere Arten von TM-Wellen. In der Nähe der Seeoberfläche und im Seewasser haben diese Wellen bei großem Abstand vom Sender quasi ebenen Charakter. Im Seewasser erfolgt die Wellenausbreitung senkrecht zur Seeoberfläche [177].

Nach Bild A.4 gelten für die Grenzschicht *Luft / Seewasser* in guter Näherung die Grenzflächenbeziehungen:

$$\frac{\underline{E}_{\text{VB}}}{\underline{H}_{\text{HB}}} = Z_{\text{FO}} \tag{A.56}$$

$$\frac{\underline{E}_{\text{HB}}}{\underline{H}_{\text{HB}}} = \frac{Z_{\text{FO}}}{\sqrt{\underline{\varepsilon}_{\text{r}}}} \quad \text{(s. Gl.(A.20) mit } \mu_{\text{r}}=1\text{)} \tag{A.57}$$

mit

$$\underline{\varepsilon}_{\text{r}} = -\frac{j\sigma}{\varepsilon_0 \omega}.$$

Aus dieser Grenzflächenbeschreibung folgt unter Berücksichtigung der Gleichung (A.53) die Beziehung:

$$\underline{E}_{\text{HB}} = \frac{\underline{E}_{\text{VB}}}{\sqrt{\underline{\varepsilon}_{\text{r}}}} = \frac{\underline{E}_{\text{VB}}}{\sqrt{2} \cdot n} \cdot \exp\left(j\frac{\pi}{4}\right) \tag{A.58}$$

Mit dem Ansatz

$$\underline{E}_{\text{VB}} = E_{\text{VOB}} \cdot \exp(j\omega t) \tag{A.59}$$

nimmt die Gleichung (A.58) die folgende Form an:

$$\underline{E}_{\mathrm{HB}} = \frac{E_{\mathrm{VOB}}}{\sqrt{2} \cdot n} \cdot \exp\left[j\left(\omega t + \frac{\pi}{4} \right) \right]. \tag{A.60}$$

A.4.3 Empfang in Seewasser

Gemäß den Gleichungen (A.12) und (A.59) beträgt die elektrische Feldstärke für die Tiefe z:

$$\underline{E}_{\mathrm{H}}(z,t) = \frac{E_{\mathrm{VOB}}}{\sqrt{2} \cdot n} \cdot \exp\left(-\frac{z}{d_{\mathrm{e}}} \right) \cdot \exp\left(-\frac{j2\pi}{\lambda_{\mathrm{M}}} \cdot z \right) \cdot \exp\left[j\left(\omega t + \frac{\pi}{4} \right) \right] \tag{A.61}$$

Der Abfall der elektrischen Feldstärkenamplitude in Seewasser wird demnach durch die folgende Beziehung beschrieben:

$$\hat{E}_{\mathrm{H}}(Z) = \frac{E_{\mathrm{VOB}}}{\sqrt{2} \cdot n} \cdot \exp\left(-\frac{z}{d_{\mathrm{e}}} \right). \tag{A.62}$$

Für den VLF-Empfang unter Wasser werden Rahmenantennen verwendet.

Liegt die Flächennormale des Rahmens parallel zur horizontalen magnetischen Feldstärke (Bild A.4), so beträgt ihre effektive Signalspannung:

$$U_{\mathrm{S}}(z) = \frac{\hat{E}_{\mathrm{HZ}} \cdot h_{\mathrm{eff\,RM}}}{\sqrt{2}} = E_{\mathrm{VOB}}\left(\frac{\pi A N}{\lambda} \right) \exp\left(-\frac{z}{d_{\mathrm{e}}} \right) \tag{A.63}$$

mit

$h_{\mathrm{eff\,RM}} = \frac{2\pi}{\lambda_{\mathrm{M}}} A \cdot N =$ effektive Antennenhöhe des Rahmens im Medium Wasser

A = Rahmenfläche

N = Zahl der Windungen.

Der Empfänger der Rahmenantenne hat eine Rauschspannung von

$$U_{\mathrm{R}} = \sqrt{k \cdot T_{\mathrm{eff}} \cdot R \cdot B}$$

mit

k = Boltzmannkonstante

T_{eff} = Rauschtemperatur des Empfängers

R = Eingangswiderstand des Empfängers

B = Bandbreite des Empfängers.

Bei Vernachlässigung des *Außengeräuschs* beträgt der Störabstand s:

$$s=\frac{U_{\mathrm{S}}}{U_{\mathrm{R}}}=E_{\mathrm{VOB}}\left(\frac{\pi\cdot A\cdot N}{\lambda\cdot\sqrt{k\cdot T_{\mathrm{eff}}\cdot R\cdot B}}\right)\cdot\exp\left(-\frac{z}{d_{\mathrm{e}}}\right). \tag{A.65}$$

Für $s = 1$ folgt aus dieser Gleichung zur Berechnung der *Tauchtiefe* z_t die Beziehung:

$$z_{\mathrm{t}}=d_{\mathrm{e}}\ln\left(\frac{E_{\mathrm{VOB}}\pi\cdot A\cdot N}{\lambda\cdot\sqrt{k\cdot T_{\mathrm{eff}}\cdot R\cdot B}}\right), \tag{A.66}$$

Die erzielten Tauchtiefen betragen je nach Leistung des Senders, Entfernung vom Sender, Salzgehalt des Seewassers, VLF - Frequenz:

$$z_{\mathrm{t}}=8\ \ldots\ 25\ \mathrm{m}. \tag{A.67}$$

Die Tauchtiefe kann gesteigert werden, wenn man zu ELF- und SELF- Frequenzen übergeht (s. Gleichung (A.52)). Die untere Grenze liegt heutzutage bei 70 Hz.

Für die Unterwasserpeilung von VLF - Kommunikationssendern (s. Tabelle 1.1) und OMEGA-Stationen werden U-Boote mit Goniometer- oder Watson-Watt-Peilern mit Ferritkreuzrahmen ausgerüstet.

A.5 Näherungsformel zur Berechnung des Richtfaktors und des Gewinns einer Antenne

A.5.1 Grundbegriffe [178]

Die Richtcharakteristik $C(\alpha,\beta)$ beschreibt die elektrische Feldstärke im Fernfeld (mit dem Abstand vom Sender $R \geq 10\lambda$ bei $R = \mathrm{const}$) in Abhängigkeit von den Raumrichtungen α,β (s. Bild 4.1).

$$C(\alpha,\beta)=\frac{E_0(\alpha,\beta)}{E_{0\max}} \tag{A.68}$$

mit

$E_0(\alpha,\beta)=$ Amplitude (Amplitudenwert) des elektrischen Wechselfeldes

$E_{0\max}=$ maximale Amplitude (Amplitudenwert) des elektrischen Wechsel feldes.

Der Richtfaktor $C(\alpha,\beta)$ ist folgendermaßen normiert:

$$C(\alpha,\beta)\leq 1. \tag{A.69}$$

Die Strahlungsdichten $\overline{S}_{\mathrm{p}}$ betragen folglich:

$$\overline{S}_{\mathrm{p}}(\alpha,\beta)=\frac{E_0^{\,2}(\alpha,\beta)}{2Z_{\mathrm{FO}}} \tag{A.70}$$

$$\overline{S}_{\text{p max}} = \frac{E_0{}^2{}_{\text{max}}}{2Z_{\text{FO}}}, \tag{A.71}$$

Aus den Beziehungen (A.68 ... A.70) folgt unmittelbar:

$$\overline{S}_{\text{p}}(\alpha,\beta) = C^2(\alpha,\beta)\cdot\overline{S}_{\text{p max}}\,. \tag{A.72}$$

Der Richtfaktor D ist ein Maß für die Bündelungsfähigkeit einer Antenne:

$$D = \frac{\overline{S}_{\text{p max}}}{\overline{S}_{\text{pK}}} \tag{A.73}$$

mit

$\overline{S}_{\text{pK}} = \dfrac{P_{\text{S}}}{4\pi R^2} =$ Strahlungsdichte eines isotropen Kugelstrahlers im Fernfeld mit dem Schwächungsfaktor $F = 1$ und dem Wirkungsgrad $\eta = 1$ (s. Kapitel 2)

$P_{\text{S}} =$ Leistung des Senders

$R =$ Abstand des Empfängers vom Sender.

Der Gewinn G einer Antenne beträgt:

$$G = \eta D\,. \tag{A.74}$$

Für $\eta = 1$ ist der Gewinn G mit dem Richtfaktor D identisch.

A.5.2 Richtfaktorberechnung

Aus dem Strahlungsdiagramm $C^2(\alpha,\beta)$ läßt sich der Richtfaktor D berechnen. Hierbei wird zu Grunde gelegt, daß der Kugelstrahler und die Richtantenne die gleiche Strahlungsleistung P_s aufweisen. Aus den Beziehungen (A.72) und (A.73) folgt:

$$P_{\text{S}} = \overline{S}_{\text{PK}}\cdot 4\pi R^2 = \overline{S}_{\text{p max}}\int\limits_{(A)} C^2(\alpha,\beta)dA \tag{A.75}$$

mit

$A =$ Kugeloberfläche.

Daraus erhält man nach Einführung des Raumwinkels $\Omega = \dfrac{A}{R^2}$:

$$D = \frac{4\pi}{\int\limits_{(\Omega)} C^2(\alpha,\beta)\mathrm{d}\Omega}. \tag{A.76}$$

A.5.3 Näherungsformel

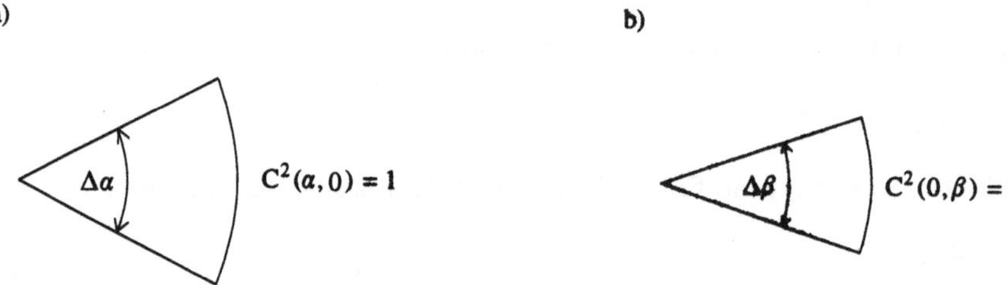

Bild A.5: Idealisiertes Diagramm einer Richtantenne;
a) Horizontaldiagramm, b) Vertikaldiagramm

Für eine idealisierte Richtantenne (Bild A.5), die ihre Leistung in einen begrenzten Raumwinkel $\Delta\Omega$ abstrahlt, beträgt

$$C^2(\alpha,\beta) = 1. \tag{A.77}$$

Außerhalb des Raumwinkels $\Delta\Omega$ ist

$$C^2(\alpha,\beta) = 0. \tag{A.78}$$

Nach der Beziehung (A.76) gilt für eine idealisierte Richtantenne:

$$D = \frac{4\pi}{\Delta\Omega} \tag{A.79}$$

mit

$$\Delta\Omega = \Delta\alpha \cdot \Delta\beta \tag{A.80}$$

A.6 Rahmenantenne

A.6.1 Zusammenfassung der EM-Feldbeziehungen aus Kapitel 2 mit Ergänzungen

Die elliptisch polarisierte Raumwelle wird allgemein folgendermaßen angegeben:

$$E_{\mathrm{VR}} = E_{\mathrm{VOR}} \cdot \cos(\omega t) \tag{A.81}$$

$$E_{\mathrm{HR}} = E_{\mathrm{HOR}} \cdot \cos(\omega t + \varphi) \tag{A.82}$$

$$H_{\mathrm{VR}} = -H_{\mathrm{VOR}} \cdot \cos(\omega t + \varphi) \tag{A.83}$$

$$H_{\mathrm{HR}} = H_{\mathrm{HOR}} \cdot \cos(\omega t) \tag{A.84}$$

mit

$$\frac{E_{\mathrm{VOR}}}{H_{\mathrm{HOR}}} = \frac{E_{\mathrm{HOR}}}{H_{\mathrm{VOR}}} = Z_{\mathrm{FO}} = \sqrt{\frac{\mu_0}{\varepsilon_0}} \; . \tag{A.85}$$

Für $E_{\mathrm{VOR}} = E_{\mathrm{HOR}}$, $H_{\mathrm{HOR}} = H_{\mathrm{VOR}}$ und $\varphi = \pm\, \pi/2$ ist die Raumwelle zirkular polarisiert.

Eine Linearpolarisation liegt vor, wenn $\varphi = 0$ oder $\varphi = \pm\, \pi$ ist. Die Feldbeziehungen (A.81 ... A.84) nehmen dann die Formen an:

$$E_{\mathrm{VR}} = E_{\mathrm{OR}} \cdot \cos(\gamma) \cdot \cos(\omega t) \tag{A.86}$$

$$E_{\mathrm{HR}} = E_{\mathrm{OR}} \cdot \sin(\gamma) \cdot \cos(\omega t) \tag{A.87}$$

$$H_{\mathrm{VR}} = -H_{\mathrm{OR}} \cdot \sin(\gamma) \cdot \cos(\omega t) \tag{A.88}$$

$$H_{\mathrm{HR}} = H_{\mathrm{OR}} \cdot \cos(\gamma) \cdot \cos(\omega t) \tag{A.89}$$

mit

γ = Polarisationswinkel.

Der Polarisationswinkel liegt im Bereich:

$$\underset{(\varphi = \pm\pi)}{-\frac{\pi}{2}} \le \gamma \le \underset{(\varphi = 0)}{\frac{\pi}{2}} \tag{A.90}$$

Für $\gamma = 0$ ist die Raumwelle vertikal polarisiert, und für $\gamma = \pm\, \pi/2$ ist die Raumwelle horizontal polarisiert.

Eine vertikal polarisierte Bodenwelle (TEM) wird durch die Feldgleichungen

$$E_{\mathrm{VB}} = E_{\mathrm{VOB}} \cdot \cos(\omega t) \tag{A.91}$$

$$H_{\mathrm{HB}} = H_{\mathrm{HOR}} \cdot \cos(\omega t) \tag{A.92}$$

mit

$$\frac{E_{\mathrm{VOB}}}{H_{\mathrm{HOR}}} = Z_{\mathrm{FO}} \tag{A.93}$$

beschrieben.

A.6.2 Magnetischer Fluß durch einen dreidimensionalen Rahmen

Ein dreidimensionaler Rahmen besteht aus einem vertikalen Kreuzrahmen und einem horizontalen Rahmen [179].

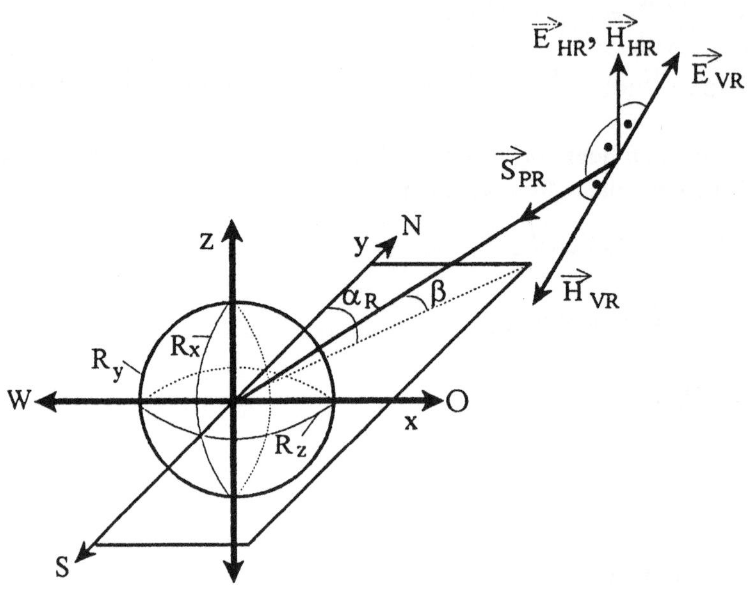

Bild A.6: Dreidimensionaler Rahmen (R_x, R_y, R_z) unter Einfall einer elliptisch polarisierten Raumwelle

Der magnetische Gesamtfluß Φ durch den dreidimensionalen Rahmen beträgt bei Einfall einer elliptisch polarisierten Raumwelle (Bild A.6):

$$\Phi = \mu_0 \left(\vec{H}_{HR} + \vec{H}_{VR} \right) \cdot \vec{A}_R \tag{A.94}$$

mit

$$\vec{H}_{HR} = H_{HX} \cdot \vec{e}_x + H_{HY} \cdot \vec{e}_y \tag{A.95}$$

$$\vec{H}_{VR} = H_{VX} \cdot \vec{e}_x + H_{VY} \cdot \vec{e}_y + H_{VZ} \cdot \vec{e}_Z \tag{A.96}$$

$$\vec{A}_R = A\vec{e}_x + A\vec{e}_y + A\vec{e}_z \tag{A.97}$$

$$A = \frac{A_R}{\sqrt{3}} = \text{Fläche der Einzelrahmen } (\ll \lambda^2).$$

Setzt man die Beziehungen (A.95 ... A.97) in die Gleichung (A.94) ein, so wird der Gesamtfluß Φ in die Teilflüsse

$$\Phi = \Phi_{Rx} + \Phi_{Ry} + \Phi_{Rz} \tag{A.98}$$

der Rahmen (R_x, R_y, R_z) aufgespalten.
Dabei sind:

$$\Phi_{Rx} = \mu_0 \left(H_{Hx} + H_{Vx} \right) \cdot A \tag{A.99}$$

$$\Phi_{Ry} = \mu_0 \left(H_{Hy} + H_{Vy} \right) \cdot A \tag{A.100}$$

$$\Phi_{Rz} = \mu_0 H_{Vz} \cdot A \tag{A.101}$$

mit

$$H_{Hx} = -H_{HOR} \cdot \cos(\alpha_R) \cdot \cos(\omega t) \tag{A.102}$$

$$H_{Hy} = H_{HOR} \cdot \sin(\alpha_R) \cdot \cos(\omega t) \tag{A.103}$$

$$H_{Vx} = H_{VOR} \cdot \sin(\beta) \cdot \sin(\alpha_R) \cdot \cos(\omega t + \varphi) \tag{A.104}$$

$$H_{Vy} = H_{VOR} \cdot \sin(\beta) \cdot \cos(\alpha_R) \cdot \cos(\omega t + \varphi) \tag{A.105}$$

$$H_{Vz} = -H_{VOR} \cdot \cos(\beta) \cdot \cos(\omega t + \varphi) \tag{A.106}$$

Setzt man die Beziehungen (A.102 ... A.106) in die Gleichungen (A.99 ... A.101) ein, so nehmen diese die Formen an:

$$\begin{aligned} \Phi_{Rx} = -\mu_0 \cdot A \cdot [& H_{HOR} \cdot \cos(\alpha_R) \cdot \cos(\omega t) \\ & -H_{VOR} \cdot \sin(\beta) \cdot \sin(\alpha_R) \cdot \cos(\omega t + \varphi)] \end{aligned} \tag{A.107}$$

$$\begin{aligned} \Phi_{Ry} = +\mu_0 \cdot A \cdot [& H_{HOR} \cdot \sin(\alpha_R) \cdot \cos(\omega t) \\ & +H_{VOR} \cdot \sin(\beta) \cdot \cos(\alpha_R) \cdot \cos(\omega t + \varphi)] \end{aligned} \tag{A.108}$$

$$\Phi_{Rz} = -\mu_0 \cdot A \cdot H_{VOR} \cdot \cos(\beta) \cdot \cos(\omega t + \varphi) \; . \tag{A.109}$$

A.6.3 Spannungsgleichungen

Die Spannungsgleichungen folgen aus dem Induktionsgesetz:

$$U_{R(x,y,z)} = -\frac{\mathrm{d}\,\Phi_{R(x,y,z)}}{\mathrm{d}t} \cdot n \; . \tag{A.110}$$

Berücksichtigt man hierbei die $\vec{E}$, $\vec{H}$-Kopplung (s. Gl. (A.85)), so entstehen folgende Beziehungen:

$$U_{\mathrm{Rx}} = -h_{\mathrm{eff\,RL}} \cdot \left[E_{\mathrm{VOR}} \cdot \cos(\alpha_{\mathrm{R}}) \cdot \sin(\omega t) - E_{\mathrm{HOR}} \cdot \sin(\beta) \cdot \sin(\alpha_{\mathrm{R}}) \cdot \sin(\omega t + \varphi)\right] \quad \text{(A.111)}$$

$$U_{\mathrm{Ry}} = +h_{\mathrm{eff\,RL}} \cdot \left[E_{\mathrm{VOR}} \cdot \sin(\alpha_{\mathrm{R}}) \cdot \sin(\omega t) \; E_{\mathrm{HOR}} \cdot \sin(\beta) \cdot \cos(\alpha_{\mathrm{R}}) \cdot \sin(\omega t + \varphi)\right] \quad \text{(A.112)}$$

$$U_{\mathrm{Rz}} = -h_{\mathrm{eff\,RL}} \cdot E_{\mathrm{HOR}} \cdot \cos(\beta) \cdot \sin(\omega t + \varphi) \quad \text{(A.113)}$$

mit

$$h_{\mathrm{eff\,RL}} = \frac{\mu_0 \cdot A \cdot \omega \cdot n}{Z_{\mathrm{FO}}} = \frac{2\pi \cdot A}{\lambda} \cdot n = \text{ effektive Antennenhöhe eines Luftrahmens.} \quad \text{(A.114)}$$

Bei Einfall einer vertikal polarisierten Bodenwelle ($\beta = 0$)
nehmen die Gleichungen (A.111 ... A.113) die folgenden Formen an:

$$U_{\mathrm{Rx}} = -h_{\mathrm{eff\,RL}} \cdot E_{\mathrm{VOB}} \cdot \cos(\alpha_{\mathrm{B}}) \cdot \sin(\omega t) \quad \text{(A.115)}$$

$$U_{\mathrm{Ry}} = +h_{\mathrm{eff\,RL}} \cdot E_{\mathrm{VOB}} \cdot \sin(\alpha_{\mathrm{B}}) \cdot \sin(\omega t) \quad \text{(A.116)}$$

$$U_{\mathrm{Rz}} = 0 \quad \text{(A.117)}$$

Bei Verwendung von Ferritrahmen wird $h_{\mathrm{eff\,RL}}$ durch $h_{\mathrm{eff\,R\mu}} = h_{\mathrm{eff\,R}}$ (s. Abschnitt 3.2.3) ersetzt.

A.6.4 Diskussion zu Kapitel 3

$$U_{\mathrm{OWB}} \text{ (s. Gl.(3.1))} = U_{\mathrm{Ry}} \text{ (s. Gl.(A.116))} \quad \text{(A.118)}$$

$$U_{\delta\mathrm{R}} \text{ (s. Gl.(3.8) mit } \delta = 0) = U_{\mathrm{Ry}} \text{ (s. Gl.(A.112))} \quad \text{(A.119)}$$

$$U_{\mathrm{OWB}} \text{ (s. Gl.(3.50))} = U_{\mathrm{Ry}} \text{ (s. Gl.(A.116))} \quad \text{(A.120)}$$

$$U_{\mathrm{NSB}} \text{ (s. Gl.(3.51))} = -\,U_{\mathrm{Rx}} \text{ (s. Gl.(A.115))} \quad \text{(A.121)}$$

$$U_{\mathrm{OWR}} \text{ (s. Gl.(3.53))} = U_{\mathrm{Ry}} \text{ (s. Gl.(A.112))} \tag{A.122}$$

$$U_{\mathrm{NSR}} \text{ (s. Gl.(3.54))} = -U_{\mathrm{Rx}} \text{ (s. Gl.(A.111))} \tag{A.123}$$

$$U_{\mathrm{x}} \text{ (s. Gl.(3.109))} = -U_{\mathrm{Rz}} \text{ (s. Gl.(A.113))}\,. \tag{A.124}$$

A.7 Radarfrequenzbänder

Tabelle A.1 erläutert die Buchstabenbezeichnungen (Band) von Frequenzbereichen in der Radartechnik.

Tabelle A.1: Frequenzbereiche der Radartechnik; $C = \lambda \cdot f$ = Lichtgeschwindigkeit

Band		Frequenz f	Wellenlänge λ
(alt)	(neu)	(in MHz)	(in cm)
P	A/B	225 ... 390	133,3 ...76,9
L	B/C/D	390 ... 1550	76,9 ...19,3
S	D/E/F/G	1550 ... 5200	19,3 ... 5,77
X	G/H/I/J	5200 ... 10900	5,77 ... 2,75
K	J/K	10900 ... 36000	2,75 ... 0,834
Q	K/L	36000 ... 46000	0,834... 0,652
V	L	46000 ... 56000	0,652... 0,536

A.8 Höhenmessung in der Luftfahrt

A.8.1 Höhenangaben

In der Luftfahrt unterscheidet man zwischen zwei verschiedenen Arten von Höhenangaben:

- die absolute Höhe über dem mittleren Meeresspiegel (NN)
- die relative Höhe über dem Grund.

Die absolute Höhe wird durch Messung des Luftdruckes mit einem barometrischen Höhenmesser (Aneroiddose) ermittelt [180, 181, 182].

Für die Messung des Abstandes zwischen dem Flugzeug und der Erdoberfläche werden Funkhöhenmesser nach dem Radarprinzip verwendet [183, 184].

A.8.2 Barometrische Höhenmessung

Die barometrische Höhenmessung beruht auf der Druckabnahme in Abhängigkeit von der Höhe H und der Temperatur T:

$$p(H) = p(0) \cdot \exp\left(-\frac{M \cdot g \cdot H}{R \cdot T}\right) \tag{A.125}$$

mit

H = Höhe über dem mittleren Meeresspiegel (NN)

$p(0)$ = Luftdruck in der Höhe des mittleren Meeresspiegels

T = absolute Temperatur in der Höhe H über dem mittleren Meeresspiegel (NN)

$g = 9{,}81\ \mathrm{m\,s^{-2}}$ = mittlere Erdbeschleunigung

$M = 0{,}029\ \mathrm{kg\,mol^{-1}}$ = mittlere *molare Masse* der Luft für die Feuchte $s = 0$

$R = 8{,}3143\ \mathrm{Pa\,m^3\,mol^{-1}\,K^{-1}}$ = Gaskonstante.

Wenn man die Gleichung (A.125) nach der Höhe H auflöst, erhält man die barometrische Höhengleichung in folgender Form:

$$H = \frac{R \cdot T}{M \cdot g} \ln\left[\frac{p(0)}{p(H)}\right] \tag{A.126}$$

Die Luftfeuchte s wird durch Einführen der virtuellen Temperatur

$$T_V = T + A \cdot s \tag{A.127}$$

mit

A = 0,173 Kelvin / Gramm Feuchte pro Kilogramm Luft

berücksichtigt.

Der barometrische Höhenmesser wird gemäß ISA (s. Abschnitt 2:51) kalibriert.

Bei einer Abweichung von der ISA (z.B. bei Hoch- oder Tiefdruckgebieten) muß der Höhenmesser entsprechend korrigiert werden. Eine Korrektur entfällt, wenn die Höhenmesser von Flugzeugen (seitlich gestaffelt) bei gleicher Flughöhe die gleiche Anzeige ergeben.

A.8.3 Funkhöhenmessung

Für die Messung der relativen Höhe werden Impulradar- (s. Abschnitt 4.2.1) oder FM/CW - Radar - Verfahren (s. Abschnitt 4.2.3) verwendet. Der Erdboden unterhalb des Flugzeugs ist hierbei das rückstrahlende Objekt. Funkhöhenmesser arbeiten mit den Frequenzen 440 MHz, 1630 MHz und 4300 MHz. Impulshöhenmesser sind nur für größere Höhen vorgesehen.

Bei einem Meßbereich von

$$1\,500\text{ m} < H < 15\,000\text{ m} \tag{A.128}$$

beträgt nach Gleichung (4.2) die Impulsfrequenz f_P = 10 kHz und nach Gleichung (4.3) die Impulsdauer τ_P = 10 µs.

FM/CW - Höhenmesser eignen sich nur für geringe Höhen:

$$0{,}3\text{ m} < H < 1\,500\text{ m}\,. \tag{A.129}$$

Nach Gleichung (4.15) beträgt die Periodendauer des Modulationssignals T = 20 µs.

Der FM/CW - Höhenmesser bringt außerdem die Steig- und Sinkgeschwindigkeit zur Anzeige.

A.9 Relative Geschwindigkeit des Flugzeugs gegenüber der Luft

Die statische Druckmessung $p(H)$ mit einer Aneroiddose bildet die Grundlage der barometrischen Höhenmessung (s. Abschnitt A.8.2).

Die Messung des Totaldrucks der strömenden Luft

$$p_{\text{total}} = p(H) + q \tag{A.130}$$

mit

q = Staudruck

erfolgt durch ein Staurohr.

Eine Membrandose mit dem Innendruck p_{total} und dem Außendruck $p(H)$ ist der Grundbaustein eines Fahrtmessers (Geschwindigkeitsmessers) in der Luftfahrt [186, 187, 188].

Ein Fahrtmesser mißt den Staudruck

$$q = \frac{\varrho(H) \cdot v_r^2}{2} \tag{A.131}$$

mit

$\varrho(H)$ = Luftdichte in der Höhe H über NN

v_r = relative Geschwindigkeit des Flugzeugs gegenüber der Luft.

Der einfache Fahrtmesser ist unter den Bedingungen der ISA für den mittleren Meeresspiegel (NN) kalibriert.

Bei Fluggeschwindigkeiten, die 350 km h^{-1} überschreiten, ist die Kompressibilität in guter Näherung

$$C = 1 + \frac{M^2}{4} \tag{A.132}$$

mit

$$M = \text{Machzahl} = \frac{\text{wahre relative Fluggeschwindigkeit TAS}}{\text{Schallgeschwindigkeit der ISA bei } H = 0}$$

(TAS = *True Air Speed*) zu beachten.

Nach Gleichung (A.131) beträgt unter Berücksichtigung der Beziehung (A.132) die angezeigte Geschwindigkeit IAS (Indicated Air Speed):

$$IAS = \sqrt{\frac{2 \cdot q}{\varrho(0) \cdot C}} \tag{A.133}$$

mit

$\varrho(0) = 0{,}125$ kg m^{-3} = Luftdichte der ISA bei $H = 0$.

Mit der Geschwindigkeit CAS (*Calibrated Air Speed*) werden Systemfehler des Fahrtmessers (Lagefehler des Staurohrs, Instrumentenfehler u.s.w.) korrigiert.

Bei der Geschwindigkeit EAS (*Equivalent Air Speed*) wird außer den Systemfehlern noch die Kompressibilität der Luft gemäß ISA der Flughöhe H berücksichtigt.

Wird bei der EAS zusätzlich eine Dichtekorrektur durchgeführt, so erhält man die TAS:

$$\text{TAS} = \sqrt{\frac{\varrho(0)}{\varrho(H)}} \cdot \text{EAS} \tag{A.134}$$

mit

$\varrho(H)$ = Luftdichte in der Flughöhe H.

Literaturverzeichnis

[1] Mansfeld, W. in Philipow, E.: Taschenbuch der Ekektrotechnik, Bd.4; Systeme der Informationstechnik. VEB Verlag Technik, Berlin 1979, S. 369-374.

[2] Hesse, F. und Hesse, W.: Flugnavigation (5. Auflage). Hitzeroth , Marburg 1988, S. 1-30.

[3] Großkopf, J.: Wellenausbreitung I, II. Hochschultaschenbücher-Verlag, Mannheim-Wien-Zürich 1970.

[4] Stark, A.: Ausbreitung elektromagnetischer Wellen (Repetitorium). Neues von Rhode & Schwarz, H. 112-115 (1985-1986).

[5] Meinke, H. und Gundlach, F.W.: Taschenbuch der Hochfrequenztechnik (4. Auflage). Springer Verlag, Berlin-Heidelberg-New-York-Tokyo 1986, H. 1-38.

[6] Lertes, E.: Beschreibung der elektromagnetischen Wellen im Zusammenhang mit der Funkpeiltechnik. Mikrowellen-Magazin, Vol. 14 (1988), S. 640 ff.

[7] Uhlig, L.: Leitfaden der Navigation / Funknavigation (2. Auflage). VEB Verlag Technik, Berlin 1977, S. 18-19.

[8] Lertes, E. und Kretz, H.J.: Untersuchung über die Azimutaussage einer elliptisch polarisierten Raumwelle bei Einfall auf einen Watson-Watt-Peiler mit vertikalem Kreuzrahmen. Messen-Prüfen-Automatisieren; Bd. 13 (1977), S. 584 ff.

[9] Lertes, E.: Zur Peilung von Raumwellen mit vertikalem Kreuzrahmen. Messen-Prüfen-Automatisieren, Bd. 24 (1988) S. 628 ff.

[10] Unger, H.-G.: Hochfrequenztechnik in Funk und Radar. Teubner, Stuttgart 1988, S. 82 -87.

[11] Lertes, E.: Watson-Watt-Peiler; Zur Frage der Peilerei im kritischen Entfernungsbereich. Nachrichten-Elektronik, Bd. 34 (1980), S. 394 ff.

[12] Lertes, E. in Horstmann, B.: Funkpeilen-Gestern-Heute-Morgen. Dr. Wächtler GmbH, Hamburg 1980, S. 91-97.

[13] Gabler, H.: Funkpeiler-Grundlagen und Anwendung. Deutsches Hydrographisches Institut, Hamburg 1951, S. 51-56.

[14] Lertes, E. und Wagner, J.: Untersuchung über die Azimutaussage bei Einfall von kohärenten Boden- und Raumwellen auf einen Watson-Watt-Peiler mit vertikalem Kreuzrahmen. Messen-Prüfen-Automatisieren, Bd. 14 (1978), S. 210 ff.

[15] Fischer, E.: Verbesserung der Kurzwellenpeilung durch Diversity-Betrieb und Integration. Bericht AEG/Telefunken, EP/V 1065 (1965).

[16] In [3], S. 91-97.

[17] Grabau, R.: Funküberwachung und Elektronische Kampfführung. Franckh-Kosmos, Stuttgart 1986, S. 244-320.

[18] Fürst, A. und Lertes, P.: Weltreich der Technik, Bd.1 (2. Auflage). Ullstein , Berlin 1929.

[19] Wächtler, M.; v. Winterfeld, E. und Zauscher, H.: Untersuchungen zur Schaffung einer nachteffektfreien Peilanlage mit einem Antennensystem kleiner räumlicher Abmessungen. Forschungsaufgabe Projekt C.268 des Bundesverkehrsministeriums (1965).

[20] Lertes, E. in Grabau,R. und Pfaff, K.: Funkpeiltechnik. Franckh-Kosmos, Stuttgart 1989, S. 100-114.

[21] Adcock,F.: An Improvement in Means for Determing the Direction of a Distant Source of a Electromagnetic Radiation. Brit. Patent Nr. 130490, 1919.

[22] Bellini, E. und Tosi, A.: System einer gerichteten drahtlosen Telgraphie, Jahrbuch der drahtlosen Telegraphie, Berlin 1908, S. 598-620.

[23] Pfaff, K.: In [20], S. 114 -147.

[24] Pfaff, K.: Ein Beitrag zur Empfindlichkeitssteigerung des Doppelkanalpeilers nach dem Watson-Watt-Prinzip. Dissertation an der TH-Aachen (1970).

[25] Lertes,E. : Watson-Watt-Funkpeilung im kohärenten Wellenfeld (Überlagerung von Boden- und Raumwellen). FHW-Journal, Nr. 23 (1990), Extra S. 1-23.

[26] Zauscher, H.: Stellungnahme zur Diplomarbeit von J. Wagner; Wörthsee, 9. 10. 1977.

[27] Gething, P.J.D.: High-Frequency Direction Finding. Proc. IEE, Vol. 113 (1966), p. 49-61.

[28] Gabler, H. und Wächtler, M.: Ein neuer Weg zur Ermittlung der Komponenten bei der Funkpeilung kohärenter Wellen. ETZ-A, H. 11 (1958), S. 385 ff.

[29] Gabler, H. und Wächtler, M.: Sichtfunkpeilanordnung nach dem Doppelkanalprinzip. Deutsche Patentschrift 1061842, Ausgabetag 31. 12. 1959.

[30] Lertes, E.; Düe,B. und Franz, N.: Rechnergestützte Untersuchung eines Watson-Watt-Tangentenpeilsystems. Mikrowellen-Magazin, Vol. 14 (1988), S. 554 ff.

[31] Lertes, E.; Schilke, C. und Weber, A.: Rechnergestützte Untersuchung eines Watson-Watt-Tangentenpeilsystems mit Rahmenadcocks. Mikrowellen-Magazin, Vol. 14 (1988), S.738 ff.

[32] Lertes, E.; Kreuzer E. und Bayer, A.: Rechnergestützte Untersuchung eines Watson-Watt-Tangentenpeilsystems im Antennen-Diversity-Betrieb. Mikrowellen-Magazin, Vol. 15 (1989), S. 447 ff.

[33] Lertes, E. und Schmückle, F.J.: Watson-Watt-Peiler; Mathematische Untersuchung von Peilellipsen. Messen-Prüfen-Automatisieren, Bd. 16 (1980), S. 322 ff.

[34] Wächtler, M.: Funkpeilanordnung. Deutsche Patentschrift 2150009, Ausgabetag 12. 6. 1974.

[35] Lertes, E.: Über die Funkpeilung von Boden- und Raumwellen mit unterschiedlichen Azimuten. AEÜ, Bd. 34 (1980), S. 468 ff.

[36] Gabler, H. und Wächtler, M.: Über eine Methode zur raumwellenfreien Funkpeilung beim Auftreten von Boden- und Raumwellen. AEÜ, Bd. 18 (1964), S. 657 ff.

[37] Gabler, H. und Wächtler, M.: Funkpeilanordnung nach dem Doppelkanalprinzip zur Bestimmung der Einfallsrichtung der Bodenwelle. Deutsche Patentschrift 1188680, Ausgabetag 06.07.1967.

[38] Lertes, E. und Boos, D.H.: Watson-Watt-Peiler mit dreidimensionalem Rahmen. Messen-Prüfen-Automatisieren, Bd. 25 (1989), S. 282 ff.

[39] Lertes, E.: Über eine Methode zur Peilung von Raumwellen. Mikrowellen-Magazin , Vol. 15 (1989), S. 346 ff.

[40] Baur, K.: Zweikanalprinzip und Peilanzeige. Frequenz, Bd. 23 (1968), S. 285 ff.

[41] Die Interferenzwirkung beim Zweikanalpeiler. Druckschrift N1/EP/V3079/Dr.B./Schw. der Firma AEG/Telefunken Ulm (1970).

[42] Lertes, E. und Röhrich, St.: Einfall von Gleichkanal-sendern auf einen Watson-Watt- Peiler mit dreidimensionelem Rahmen. Messen-Prüfen-Automatisieren, Bd. 27 (1991), S. 340 ff.

[43] Lertes, E.: Einfall von Gleichkanalsendern auf einen Watson -Watt-Peiler mit Doppelkreuzrahmen. Mikrowellen-Magazin, eingereicht am 15. 11. 1993.

[44] Lertes, E. und Rügner, J.: Watson-Watt-Peiler bei inkohärentem Mehrwelleneinfall. Mikrowellen-Magazin, Vol. 16 (1990), S. 523 ff.

[45] C. Plath-Firmenkatalog: Funkpeilung-Direction-Finding-Radiogoniometrie, Hamburg (1993).

[46] Bodemann, G.: Moderne Peilverfahren für die FM-Aufklärung. Mikrowellen-Magazin, Vol. 11 (1985), S. 135 ff.

[47] Bodemann, G. und Saur, H.: Das Interferometer-Verfahren für Peil- und Ortungaufgaben im HF-Bereich. Telefunken-Systemtechnik, TST 100.3.014.0 (Ma), Ulm (1988).

[48] Bodemann, G.: In [20], S. 173-193.

[49] Lertes, E.: Vertikaler Kreuzrahmen als Rundempfangsantenne (mathematische Interpretation): Mikrowellen-Magazin, Vol. 19 (1993), S. 96 ff.

[50] Hämmerle, R. und Demmel, F.: In [20], S. 148-173.

[51] Jondral, F.: Funksignalanalyse. Teubner, Stuttgart 1991, S. 138-147.

[52] Grabau, R.: Repetitorium-Funkpeilung. Neues von Rohde & Schwarz, H. 123 (1988), S. 30 ff.

[53] Höring, H.C.: Störreflexionen bei der Peilung des UKW-Sprechfunks von Schiffen. Frequenz, Bd.34 (1980), S. 7 ff.

[54] Funk unter Kontrolle. Neues von Rhode & Schwarz, Spezial (1988).

[55] Baur, K.: Der Wellenanalysator-Eine Einrichtung zur gleichzeitigen Peilung mehrerer einfallender Wellenzüge. Frequenz, Bd. 14 (1960), S. 41 ff.

[56] Albrecht, P. und Nixdorff,K.: Zur Theorie des Baur'schen Wellenanalysators. Frequenz, Bd. 22 (1968), S. 263 ff.

[57] Nixdorff, K.: Ein Problem der rechnergestützten Peiltechnik. Frequenz, Bd. 29 (1975), S. 30 ff.

[58] Nixdorff, K.: In [12], S. 123-126.

[59] Baur, K.: Die DLA-Varianten des Zweiwellenpeilers auf Raumbasis. Frequenz, Bd. 30 (1976), S. 243 ff.

[60] Baur, K.: Zeitbasisalgorithmen für die Interferenzanalyse. AEÜ, Bd. 30 (1976), S. 455 ff.

[61] Papula, L.: Mathematik für Ingenieure, Bd.2 (6. Auflage). Vieweg 1991, S. 455-477.

[62] VHF / UHF-Radio Lacation in Urban Areas. Rohde & Schwarz, PF 09557281077.

[63] C. Plath GmbH-Aufbau eines vollautomatischen Peilnetzes; Bericht über eine Studie zur Automatisierung des Peilnetzes an der Nordseeküste. Hamburg, 10.4.1980.

[64] Masson, F.: Das Funkmeß-und Beobachtungsnetz des Bundesamts für Post- und Telekommunikation (BAPT), seit dem 11. Mai 93 in Betrieb. Mikrowellen-Magazin, Vol. 19 (1993), S. 171 ff.

[65] Käs, G.: Radar und andere Funkortungsverfahren. Oldenbourg, München-Wien 1973, S. 24-42.

[66] Kessler, A.: Radartechnik. Vorlesungsskript , TH-Darmstadt (1993).

[67] Pehl, E.: Mikrowellen in der Anwendung. Hüthig, Heidelberg 1992, S. 61-62.

[68] Baur, E.: Einführung in die Radartechnik. Teubner, Stuttgart 1985, S. 29-37.

[69] Gerlitzki, W.: Die Radargleichung. AEG-Telefunken, Ulm (1984).

[70] Klausing, H.: Grundlagen und Anwendungen der Radartechnik. Siemens AG-Bereich Verkehrstechnik, Braunschweig (1990).

[71] Kell, R.E. and Ross, R.A. in Skolnik M.J.: Radar Handbook. Mc Grow Hill Book Company, New York 1970, p. 27-9.

[72] Lertes, E.: Zur Frage von Mikrowellenmodellversuchen. Mikrowellen-Magazin, Vol. 19 (1993), S. 177 ff.

[73] Swerling, P.: Probability of Detection for Fluctuating Targets. IRE Trans, Vol. IT-6, p. 268 ff.

[74] Ludloff, A.: Handbuch Radar und Radarsignalverarbeitung. Vieweg, Braunschweig-Wiesbaden 1993, S. 8-48.

[75] Hesse, F. und Wurster, R.: Funknavigation (2. Auflage). Hitzeroth, Marburg 1989, S. 68-103.

[76] Schanda, E.: Radar mit synthetischer Apertur (SAR). Mikrowellen-Magazin, Vol. 12 (1986), S. 534 ff.

[77] Klausing, H.; Böswetter, C. und Kaltschmidt, H.: Ein SAR-Konzept auf der Basis rotierender Antennen (ROSAR). NTZ-Archiv, Bd. 9 (1987), S. 15 ff.

[78] Klausing, H.: Realisierbarkeit eines Radars mit synthetischer Apertur durch rotierende Antennen. Dissertation an der Universität Karlsruhe (1989).

[79] Detlefsen, J.: Radartechnik. Springer, Berlin-Heidelberg 1989, S. 151-165.

[80] Grabau, R.: Technische Aufklärung. Franckh-Kosmos, Stuttgart 1989, S. 107-110.

[81] Hart, H. in Kramar, E.: Funksysteme für Ortung und Navigation. Verlag Berliner Union GmbH und Verlag W. Kohlhammer GmbH, Stuttgart-Berlin-Köln-Mainz 1973, S. 248-255.

[82] Nimtz,: Mikrowellen-Einführung in Theorie und Anwendung. Hanser, München-Wien 1980, S. 140-141.

[83] Kühne, R. und Menzel, W.: Sensoren für Motorsteuerung, Kommunikation und Abstandsregelung im Kraftfahrzeug mit mm-Wellen. VDI-Berichte, Nr. 687 (1988), S. 239-275.

[84] Schulz, E.: Technische Ortung. Militärverlag der DDR, Berlin 1989, S. 534-598.

[85] Mansfeld, M. in Phillipow,E.: Taschenbuch der Elektrotechnik, Bd.3; Nachrichtentechnik. VEB Verlag Technik, Berlin 1969, S. 1351-1356.

[86] in [75], S. 161-172.

[87] Mansfeld, M.: Funkortungs- und Funknavigationsanlagen. Hüthig, Heidelberg 1994, S. 264-276.

[88] Wurster, D.: Neue Navigationssysteme für Hubschrauber. Elektronik, Bd 2 (1981), S. 77 ff.

[89] Hug, H. und Schlemper, E.: Bordautonomer Doppler-Navigator für Hubschrauber. NTZ, Bd. 36 (1983), S. 148 ff.

[90] Höfgen, G.: In [81], S. 131-159.

[91] Hesse, F. und Hesse, W.: Elektrotechnik und Avionik (3. Auflage). Hitzeroth, Marburg 1988, S. 128-134.

[92] Mensen, H.: Moderne Flugsicherung (2. Auflage). Springer, Berlin-Heidelberg 1992, S. 207-212.

[93] In [87], S. 159-185.

[94] SEL-Drehfunkfeuer VOR-S, MAC 3413 (1970).

[95] Nüsseler, W.: Navigation mit VOR. BFS-Flugsicherungsschule (1983).

[96] Berner, H.: Experimentelle Untersuchungen des Polarisationskäfigs einer Antenne eines UKW-Drehfunkfeuers. Frequenz, Bd. 32 (1978), S. 292-297 und S. 326-330.

[97] Kramar, E. und Feyer, W.: Das Doppler-Drehfunkfeuer. Entscheidende Verbesserung der Mittelstreckennavigation. Interavia, Nr. 2 (1968), S. 180 ff.

[98] Feyer, W.: Die Weiterentwicklung des Drehfunkfeuers (VOR) zum Doppler-Drehfunkfeuer (DVOR). Luftfahrttechnik-Raumfahrttechnik, Bd. 14 (1968), S. 186-193.

[99] Nüsseler, W.: Azimutfehler bei der Funkortung. BFS-Flugsicherungsschule (1981).

[100] Gaul, P: Bericht über Boden- und Bordvermessungen einer Doppler-VOR-Anlage (Vermessungsphase 2), Presberg bei Rüdesheim/Rhein, BFS (1968).

[101] In [92], S. 213-220.

[102] Eckert, K.D. und Ecklundt, H.: DAS – Ein MFT-Programm zur Weiterentwicklung des internationalen DME. NTZ, Bd. 35 (1982), S. 578 ff.

[103] Nüsseler W.: DME-Bodenanlage, Type: FSD-15. BFS-Flugsicherungsschule (1986).

[104] In [65], S. 80-83.

[105] Nattrodt, T.K.: TACAN und DME Einführung. BFS-Referat II 1-Navigationstechnik (1971).

[106] Berner, H. und Zeitz, R.: Fehler der Azimut-Anzeige von TACAN-Anlagen durch Reflexionen. Frequenz, Bd. 28 (1974), S. 346 ff.

[107] Pasteur, P.: Instrumentenflug (2. Auflage). Aerolit, Zürich (1971), S. 23-36.

[108] Lertes, E.: Einführung in die technischen Grundlagen der Flug-Funknavigation. SERVAERO-Private Fachschule für Ausbildung von Luftfahrtpersonal, Rüsselsheim (1971).

[109] Lertes, E.: Die elektrischen Eigenschaften aktiver Transistor-Antennen. Internationale Elektronische Rundschau, Bd. 29 (1975), S. 249 ff.

[110] Böhm, M.: Gegenwärtige und zukünftige Navigations- und Landesysteme. DFVLR Nachrichten, Bd. 24 (1978), S. 13 ff.

[111] Pfuhl, Chr.; Greving, G. und Mandelka, G.: 40 Jahre Instrumentenlandesystem ILS. Elektrisches Nachrichtenwesen, Alcatel SEL (1. Quartal 1993), S. 41 ff.

[112] Kramar,E. und Eckert, K.D.:In [81], S. 193-221.

[113] In [107], S. 130-155.

[114] In [92], S. 244-254.

[115] In [87], S. 291-319.

[116] Nüsseler, W.: Anflug und Landung mit ILS. BFS-Flugsicherungsschule (1986).

[117] In [75], S. 54-64.

[118] Fricke, H.: Grenzen der heutigen Blindlandeverfahren. NTZ, Bd.26 (1973), S. 397 ff.

[119] In [92], S. 254-265.

[120] In [87], S. 319-326.

[121] CAT III-Microwave Landing System (MLS)-Azimut-Elevation-DME/P. Alcatel SEL (1992).

[122] Kramar, E.: Hyperbelnavigation-Geschichte und neue Wege. Interavia Nr.2 (1969), SEL-Sonderdruck.

[123] Feyer, W.: In [81], S. 171-190.

[124] In [87], S. 222-227.

[125] Steinfatt, F.: Funknavigation für die Schiffahrt. VEB Verlag Technik, Berlin 1954, S. 170-188.

[126] In [7], S. 122-161.

[127] Stanner, W.: In [81], S. 83-92.

[128] In [92], S. 224-229.

[129] In [7], S. 202-265.

[130] In [87], S. 229-239.

[131] Schweigert, H.: Navigationssystem "Omega". Funktechnik, Nr. 13 (1972), S. 473 ff.

[132] Knoll, T.: Omega-Navigation. Funkschau, H. 14 (1980), S. 55 ff.

[133] In [75], S. 184-192.

[134] In [2], S. 123-126.

[135] In [125], S. 188-196.

[136] Stanner, W.: In [81], S. 92-104.

[137] In [2], S. 162-201.

[138] In [92], S. 219-224.

[139] In [87], S. 217-222.

[140] In [87], S. 239-243.

[141] Adrian, P.: TI 9900 – Ein Loran-C-Navigationsautomat. Funkschau, H. 14 (1980), S. 50 ff.

[142] Stanner, W.:In [81], S. 191-192.

[143] In [125], S. 134-166.

[144] In [7], S. 100-121.

[145] Kramar, E: In [81], S. 105-118.

[146] In [87], S. 185-189.

[147] Pitzner, J.: Über sprunghafte Änderungen von Funkpeilungen nach CONSOL-Funkfeuern bei Nacht. Deutsche Hydrographische Zeitschrift, Bd. 8 (1955), S. 195 ff.

[148] In [7], S. 266-286.

[149] In [87], S. 243-260.

[150] Roter, D; Tschiesche, H. und Kellerhoff, H.: GPS und Navex für satellitengestützte Navigation. NTZ, Bd. 35 (1982), S. 582 ff.

[151] In [80], S. 337-344.

[152] In [92], S. 229-234.

[153] Bachmann, P.: Handbuch der Satellitennavigation. Motorbuch, Stuttgart 1993.

[154] GPS / DGPS-Location System. Rohde & Schwarz, 2 VTA-Sp 09/92.

[155] Hein, G.W.: Revolution in der Ortung und Navigation. Funkschau, Bd.14 (1992), S. 66 ff.

[156] Taschenbuch der Navigation. Fa. Teldix 1967, S. 145-157.

[157] Tschammer, W.: Einführung in die Trägheitsnavigation. Deutsche Lufthansa AG-Verkehrsfliegerschule Bremen, 1967.

[158] Priebs, R.: Doppler-Radar, Wetter-Bordradar und Trägheitsnavigation. Ernst Gröger-Fernschule für Aeronautik, Lehrbrief Nr. 45 (1970).

[159] Hidber, A.: Bordinstrumente (Bd.1). SWISSAIR-Schweizerische Luftverkehrsschule 1971, S. 69-73.

[160] In [2], S. 126-166.

[161] In [80], S. 330-337.

[162] In [87], S. 261-264.

[163] Eichacker, R.: Ein Meßplatz zur Bestimmung der elektromagnetischen Stoffkonstanten fester und flüssiger Medien bei Frequenzen zwischen 30 und 7000 MHz und Temperaturen zwischen -60 und +240°C. Rhode & Schwarz Mitteilungen, H. 11 (1958), S. 185 ff.

[164] Mayer, E. und Pottel, R.: Physikalische Grundlagen der Hochfrequenztechnik. Vieweg, Braunschweig 1969, S. 1-34.

[165] Lertes, E: Berechnung der Eindringtiefe in elektromagnetische Stoffsysteme. EMV Journal,Vol. 3 (1992), S. 178 ff.

[166] Lertes, E: Beschreibung des dielektrischen Verhaltens von polaren Flüssigkeiten mit elektrischen Ersatzschaltungen. Mikrowellen-Magazin, Vol. 3 (1977), S. 415 ff.

[167] Lertes, E.: Beschreibung des dielektrischen Verhaltens von Gläsern mit elektrischen Ersatzschaltungen. Sprechsaal, Vol. 111 (1978), S. 287 ff.

[168] Lertes, E.: Zur Frage der dielektrischen Methode (Modellbeschreibung). G-I-T Fachz. Labor, Bd. 24 (1980), S. 936 ff.

[169] Eichacker, R.: Beitrag zur Wellenausbreitung in quasihomogenen permeablen Medien und zur Bestimmung ihrer Stoffkonstanten bei sehr hohen Frequenzen. Dissertation an der TH-München, 1948.

[170] Lertes, E.: Zur Bestimmung der komplexen elektromagnetischen Stoffkonstanten von Ferriten im Mikrowellenbereich. Messen-Prüfen-Automatisieren , Bd. 22 (1986), S. 770 ff.

[171] Doluchanow, M.P.: Die Ausbreitung von Funkwellen. VEB Verlag Technik, Berlin 1956, S. 132-146.

[172] Vlecek, A.: In Zinke, O. und Hartnagel, H.L.: Lehrbuch der Hochfrequenztechnik (3. Auflage). Springer, Berlin-Heidelberg 1986, S. 246-252.

[173] Schwab, A.J.: Begriffswelt der Feldtheorie. Springer, Berlin-Heidelberg 1985, S. 25-35.

[174] Lertes, E.: Mathematisch-phänomenologische Beschreibung des dielektrischen Verhaltens eines polaren Stoffes in wäßriger Lösung. G-I-T Fachz. Labor, Bd. 24 (1980), S. 281 ff.

[175] Lertes, E.: Deutung von elektrischen Impedanzmessungen in wäßrigen Ionen-Lösungen im Halbleiterbereich. ATM, Blatt V 942-14 (1974), S. 69 ff.

[176] Lertes, E. und Schneider, W.: Rotation von dielektrisch verlustbehafteten Flüssigkeiten und Festkörpern im elektrischen Drehfeld. ATM, Blatt V 942-15 (1974), S. 201 ff.

[177] Ziehm, G.: Empfang und Peilung elektrischer Wellen in Seewasser. Telefunken-Zeitung, Bd. 33, H. 128 (1960), Sonderdruck AH 217.

[178] Voges, E.: Hochfrequenztechnik (Bd 2, 2. Auflage). Hüthig, Heidelberg 1991, S. 130-136.

[179] Lertes, E.: Über die Spannungs-System-Gleichungen von Rahmenantennen bei Raumwelleneinfall. Mikrowellen-Magazin, Vol. 15 (1989), S. 510 ff.

[180] Flugüberwachungsgeräte. Kapitel 194, Lufthansa-Technische Schule (1970).

[181] Hesse, F. und Hesse, W.: Wiederholungskurs für Technik (2. Teil)-Bordinstrumente. Worms, Breidenbach (Eigendruck) 1973, S. 66-73.

[182] Hesse, F. und Hesse, W.: Bordinstrumente (5. Auflage). Hitzeroth, Marburg 1989, S. 13-22.

[183] Mattes, H.: In [81], S. 231-242.

[184] In [87], S. 337-342.

[185] Keller, H.J.: Instrumente. Ernst Kröger-Fernschule für Aeronautik (1970).

[186] In [181], S. 58-66.

[187] In [182], S. 22-42.

Sachregister